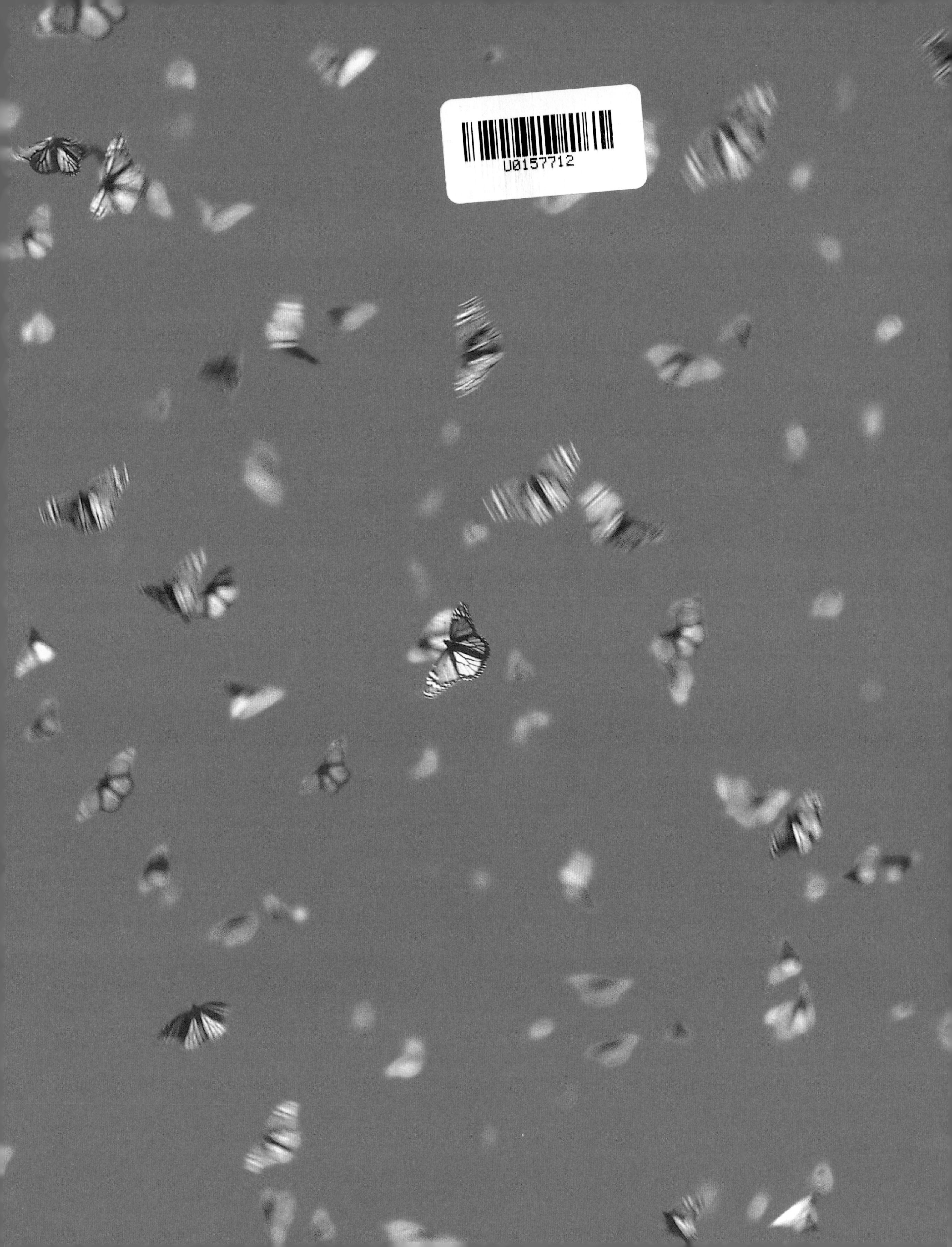

蝴　蝶

翅膀上的生命奇观

[瑞士]托马斯·马伦特　著

范　凡　译

科学普及出版社

·北　京·

DK

蝴蝶

澳蛾（*Anthela*）幼虫。
摄于巴布亚新几内亚。

常见的金凤蝶（*Papilio machaon*）幼虫。摄于欧洲。

草凤蝶（*Papilio thoas*）幼虫。摄于哥伦比亚。

北冷珍蛱蝶（*Clossiana selene*）。摄于欧洲。

红珠凤蝶（*Pachliopta aristolochiae*）。摄于泰国。

优红蛱蝶（*Vanessa atalanta*）。摄于欧洲。

沙地绡蝶（*Ithomia salapia*）。摄于秘鲁。

尾唐灰蝶（*Danis cyanea*）。摄于澳大利亚。

环袖蝶（*Dryadula phaetusa*）。摄于哥伦比亚。

紫松蚬蝶（*Rhetus dysonii*）。摄于秘鲁。

巴黎翠凤蝶（*Papilio paris*）。摄于泰国。

旖凤蝶（*Iphiclides podalirius*）。摄于欧洲。

著作权合同登记号：01-2023-5230

图书在版编目（CIP）数据

蝴蝶 /（瑞士）托马斯·马伦特著 ；范凡译. -- 北京 ：科学普及出版社，2024.1
书名原文：Butterfly:A phtographic portrait
ISBN 978-7-110-10395-1

Ⅰ. ①蝴… Ⅱ. ①托… ②范… Ⅲ. ①蝶－青少年读物 Ⅳ. ①Q964-49

中国版本图书馆CIP数据核字(2021)第250148号

策划编辑　邓　文
责任编辑　李　睿　郭　佳　白李娜
图书装帧　金彩恒通
责任校对　邓雪梅
责任印制　徐　飞

科学普及出版社出版
北京市海淀区中关村南大街16号　邮政编码：100081
电话：010-62173865　传真：010-62173081
http://www.cspbooks.com.cn
中国科学技术出版社有限公司发行部发行
惠州市金宣发智能包装科技有限公司承印
开本：889毫米×1194毫米　1/8　印张：35　字数：180千字
2024年1月第1版　2024年1月第1次印刷
ISBN 978-7-110-10395-1/Q·273
印数：1—10000册　定价：198.00元

www.dk.com

目　录

一个摄影师的激情

对蝴蝶的迷恋在我很小的时候就开始了，我几乎不记得这是如何或为什么开始的。当我还是个孩子的时候，我就在我瑞士的家附近的乡间寻找毛毛虫，然后把它们带回我的房间，在室内饲养它们。毛毛虫变成蛹、蛹变成蝴蝶的神奇变化让我着迷。

在过去，蝴蝶激励了很多人成为收藏者。蝴蝶收藏者带着专业工具，在乡间搜寻稀有物种，捕捉并制成标本固定在玻璃盒子里。如今，我们有了一种不同的方式来收集它们：通过摄影。我从 16 岁开始拍摄蝴蝶，很快我就对自然摄影产生了和我对自然一样的热情。一开始，这两种消遣都没有被作为职业。我从来没有学过生物学，直到我年纪比较大了，我才开始靠摄影谋生。在那之前，我用各种工作的收入作为去热带雨林旅行的费用——在那里可以找到种类繁多的蝴蝶。

蝴蝶有一个非常吸引人的地方，就是它们能给予你深入了解它们所处环境的机会。蝴蝶是自然指示物，它们的多样性反映了它们栖息地潜在的生物多样性。这一点在热带雨林中表现得最为明显，在那里，数百种蝴蝶可能在一个小区域内共存。这种多样性只能在未受破坏的原始森林中找到，然而这些生物热点地区正在迅速消失。蝴蝶告诉我们应该把保护工作的重点放在哪里，这对温带栖息地来说也是有效的。在那里，最丰富的多样性存在于古老的草地或林地，这些地方逃过了集约化农业和杀虫剂的破坏。近年来，蝴蝶也成了早期预警信号。多亏了一大批狂热的爱好者——他们每年都在孜孜不倦地监测蝴蝶的踪迹，我们现在知道，许多欧洲的蝴蝶物种正因为全球变暖而向北迁徙。

因此，这些迷人的动物远远不应仅作为"会飞的花"而被保护。它们体现了自然本身的健康状况，可以告诉我们在保护所有生命赖以生存的自然系统的战斗中，我们是赢是输。希望它们能在未来长久地存在下去。

托马斯·马伦特

Thomas Marent

鉴定特征

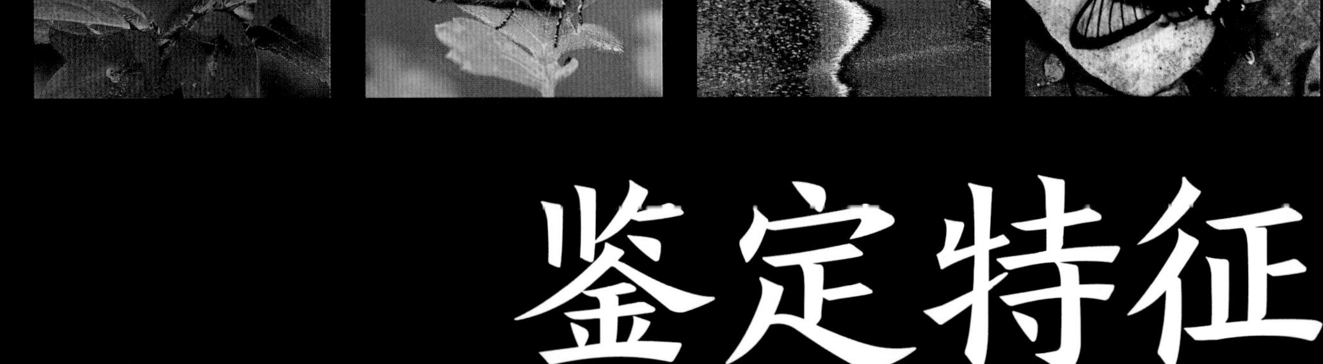

系列独特的形态特征。

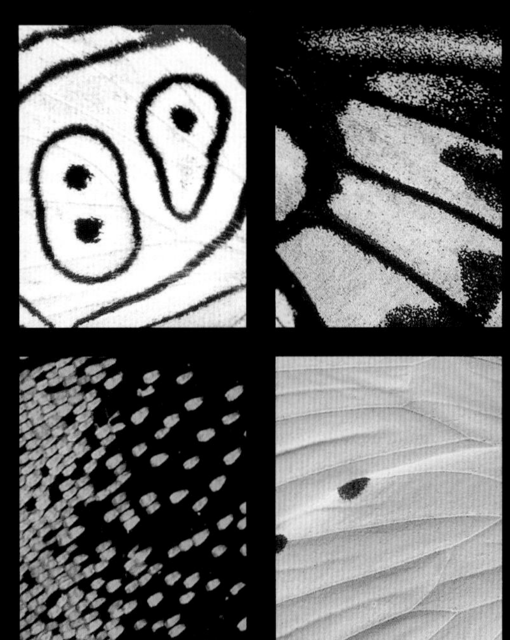

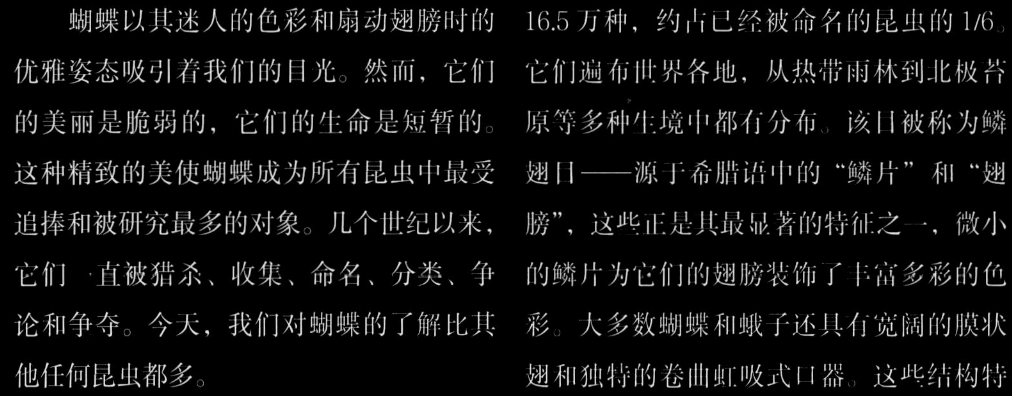

蝴蝶以其迷人的色彩和扇动翅膀时的优雅姿态吸引着我们的目光。然而，它们的美丽是脆弱的，它们的生命是短暂的。这种精致的美使蝴蝶成为所有昆虫中最受追捧和被研究最多的对象。几个世纪以来，它们一直被猎杀、收集、命名、分类、争论和争夺。今天，我们对蝴蝶的了解比其他任何昆虫都多。

目前有记录的蝴蝶和蛾子已经超过16.5万种，约占已经被命名的昆虫的1/6。它们遍布世界各地，从热带雨林到北极苔原等多种生境中都有分布。该目被称为鳞翅目——源于希腊语中的“鳞片”和“翅膀”，这些正是其最显著的特征之一，微小的鳞片为它们的翅膀装饰了丰富多彩的色彩。大多数蝴蝶和蛾子还具有宽阔的膜状翅和独特的卷曲虹吸式口器。这些结构特征为现代分类系统提供了基础，该系统将

△ 一只在高山火绒草（山野火绒草）（*Leontopodium alpinum*）花朵上休息的龙女宝蛱蝶（*Boloria pales*）。

▷ 一只罕莱灰蝶（*Lycaena helle*）以蝴蝶典型的竖立双翅的形态栖息在紫萼路边青（*Geum rivale*）上。

鳞翅目分为大约100个不同的科，包括5个已被认定的“真正的蝴蝶”科。

蝴蝶和蛾子的魅力很大程度上归功于它们最具特色的特征：微小的、重叠的鳞片，像亮片一样装饰在它们的翅上。尽管每个鳞片总是呈现单一的、平淡的颜色，但当它们排列在一起时，所形成的千变万化的图案和色彩令人眼花缭乱。颜色的形成有两种方式，大部分来源于化学色素，如黑色素，它是蝴蝶的翅呈深黑色和其他深色调的原因，其他色素——黄色、红色或更罕见的蓝色——可能来自植物或在变态过程中积累的废弃化学物质。金属色或彩虹色不是由化学色素产生的，而是由鳞片的微观结构产生的。蝴蝶鳞片有一个开放的晶格结构，包含无数的反射表面。这些表面的间距导致反射的光波相互干扰，因此某些波长被抵消，而其他波长被增强，从而产生色调强烈的颜色。就像肥皂泡上的图案一样，这些颜色可能会随着视角的变化而闪烁和变化，这种现象被称为彩虹色——尽管蝴蝶的鳞片也会产生在任何角度都保持不变的结构颜色。

▷ 绿带翠凤蝶（*Papilio maackii*）翅上的蓝色鳞片和翡翠色鳞片在黑色鳞片之间形成对比，这是一种光学现象，使颜色显得更加明亮。

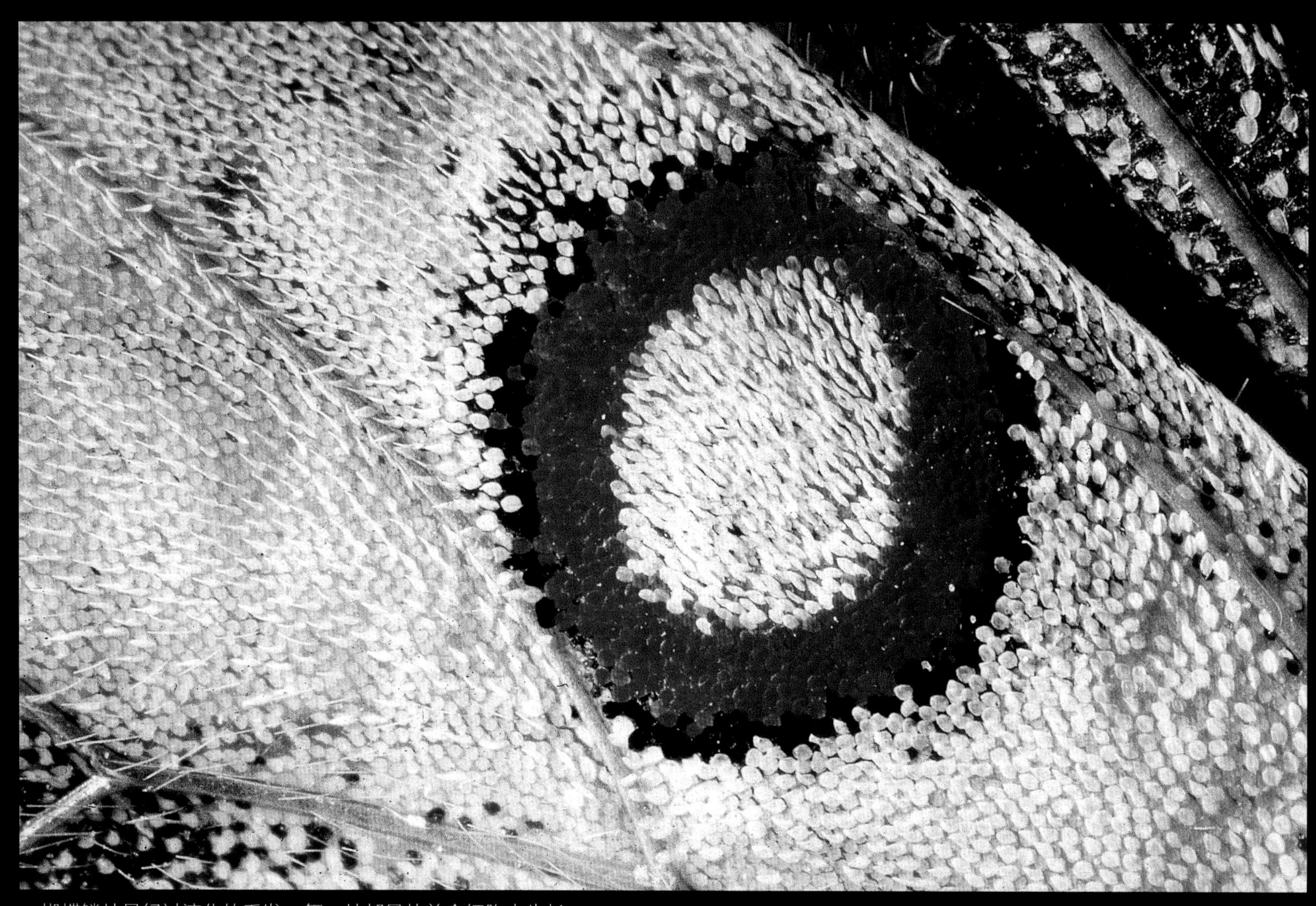

△ 蝴蝶鳞片是经过演化的毛发，每一片都是从单个细胞中生长出来的。阿波罗绢蝶（*Parnassius apollo*）的红色眼点是由红色、白色和黑色鳞片组成的镶嵌图案。

◁ 这种埃腊蚬蝶（*Lasaia arsis*）的亮蓝色是一种结构色，是由翅上多层的鳞片对光线的反射后产生。

▷ 贝茨蛱蝶（*Batesia hypochlora*）的底色是由黑色素等色素产生的。

△ 在一些蝴蝶和蛾子身上，例如这只在哥斯达黎加生活的蓝斑绡眼蝶（*Cithaeria menander*），

“拍摄蝴蝶的挑战之一是捕捉蝴蝶翅的醒目颜色。蝴蝶在降落时往往会合拢双翅，它们的摆动式飞行方式使我们几乎不可能在空中拍摄它们。幸运的是，某些种类蝴蝶的翅的背面和正面一样有趣。热带美洲的‘88蝶’和‘89蝶’（红涡蛱蝶）翅的反面有看起来像数字的斑纹。它们对粪便和碎石屑的喜爱使它们更容易拍摄——你经常可以看到这些优雅的生物栖息在地上吮吸着一些恶心的东西。”

◁△ 玻利维亚的三星图蛱蝶（*Callicore eunomia*）翅背面的黄色背景上有数字“80”图案。翅正面彩虹般的蓝色和耀眼的红色与深黑色形成鲜明的对比。

89蝶（红涡蛱蝶）（*Diaethria clymena*）。摄于哥伦比亚。

△ 炬蛱蝶（*Panacea prola*），翅正面。摄于厄瓜多尔。

△ 炬蛱蝶（*Panacea prola*），翅背面。

△ 黄带鸭蛱蝶（*Nessaea obrinus*），翅背面。摄于秘鲁。

△ 黄带鸭蛱蝶（*Nessaea obrinus*），翅正面。

△ 三色凤蛱蝶（*Marpesia iole*），翅正面。摄于哥伦比亚。

△ 三色凤蛱蝶（*Marpesia iole*），翅背面。

蝴蝶翅的正面和背面有不同的彩色鳞片覆盖，因此图案可能会有显著的不同。通常情况下，翅的背面色彩单调，可以进行伪装，而翅的正面则色彩鲜艳，可以向潜在的配偶发出身份信号，或者向捕食者发出有毒的信号。

◁▽ 哥伦比亚熄炬蛱蝶（*Panacea procilla*）可以通过张开翅膀展现出闪闪发光的蓝色图案来改变自己。蝴蝶的复眼可以感受比人类更宽的光谱，因此它对光色的反应会更强烈。

翅的结构

和所有昆虫一样，蝴蝶和蛾子的身体分为三个主要部分：头部、胸部和腹部。中间的部分——胸部——是足和翅的连接点，拥有强大的肌肉，可以承载翅膀的扇动。这两对翅是由几丁质组成的，这是一种构成昆虫体壁的坚韧的碳水化合物，但它们非常薄，需要一种加强的血管翅脉网络来支撑。当蝴蝶从茧中羽化出来时，这些翅脉只是短暂地用于循环，血液必须被泵入翅内，使翅能膨胀展开。这样做，翅就会变硬，翅脉一般为中空，里面充满空气，可以对翅进行加固。翅的这一特征看起来微不足道，但通过这些可以让我们深入了解蝴蝶和蛾子的进化历史，从而方便对它们进行分类。蝴蝶的前翅和后翅有部分重叠，在重叠区域内有较强的翅脉，以保证翅的相互联动。而许多蛾类则是通过一种连锁方式把前后翅连在一起。翅脉的分枝模式也很重要：每一个科的蝴蝶都有一个独特的模式，不同种类的蝴蝶在更细微的尺度上都有不同的模式。

◁ 这只生活在秘鲁的红臀凤蚬蝶（*Chorinea sylphina*）的翅上，带颜色的条纹突出了它的翅脉。

△ 在这只秘鲁绡眼蝶（*Cithaerias*）身上，鳞片的缺失让我们看到了所有蝴蝶都具有的透明膜翅。

△ 这只趴在乌干达森林中苔藓上休息的迷粉蝶（*Mylothris*），展示出了翅背面翅脉的微妙形态。

△ 绢粉蝶（*Aporia crataegi*）的翅从原始的白色带着深色的翅脉开始，随着年龄的增长，逐渐变得像羊皮纸一样。

触角和复眼

蝴蝶的头部占支配地位的是它的感觉器官：一对球状复眼和一对触角。这两个复眼由多达1.7万个六边形的小眼组成，每一个微型的小眼都能独立工作。蝴蝶的复眼对颜色和运动高度敏感，但清晰度很差——它们可能无法分辨出彼此翅上的详细图案。触角是蝴蝶的主要嗅觉器官，同时也能感知附近的噪声或运动产生的空气振动。蝴蝶通常长有细长的棒状触角，而蛾子的触角可能是线状的、羽状的或锯齿状的。无论触角的形状如何，它们都在求偶过程中起着关键作用：雄性蛾子通常通过气味寻找配偶，而某些雄性蝴蝶则通过在雌性蝴蝶的触角上喷洒具有香味的鳞片颗粒（“爱尘”）来向雌性求爱。

◁ 蝴蝶舞动着它们的触角来探查周围的环境，就像这只银弄蝶（*Carterocephalus palaemon*）一样。它们的触角上生有对空气中的化学物质敏感的神经末梢，这使得蝴蝶能够探测到食物和异性。

△ 福蛱蝶（*Fabriciana niobe*）的两个呈球体的复眼位于头部两侧，每个复眼都由数千个具有独立面的小眼组成，可以提供良好的全方位视野。

▷ 一只灿福蛱蝶（*Fabriciana adippe*）。这种蝴蝶触角上棒状末端的功能尚不清楚，但它们可以通过使触角在转弯时发生振动来在飞行控制中发挥作用。这些信息可能会通过位于触角基部的被称为“江氏器”的特殊感觉器官上的一组感觉细胞传递给蝴蝶，用来帮助它们在空中定位。

▷ 蛾子往往在夜间活动，因此比蝴蝶更依赖气味。为了最大限度地与空气接触，像绣斑大蚕蛾（*Aglia tau*）这样的蛾类的触角具有羽状的结构，数十根枝状分叉又细分成更细小的细丝。

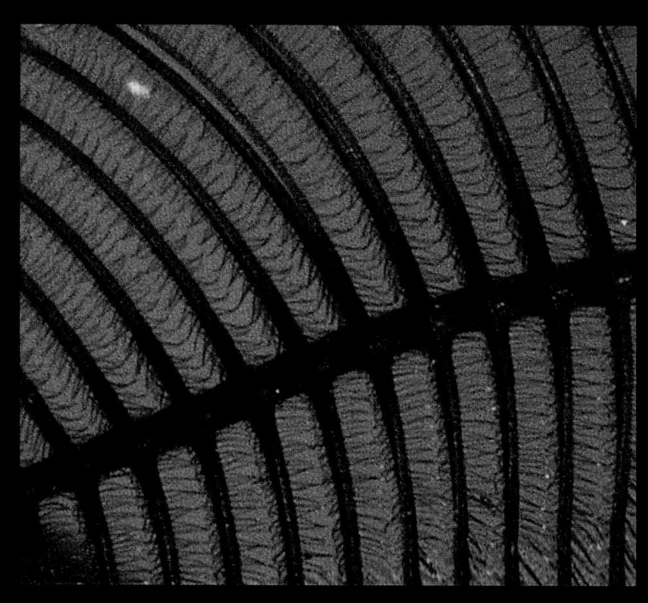

△ 白毒蛾（*Arctornis l-nigrum*）幽灵般的白色翅膀上具有奇特的黑色斑纹。与其他大多数蛾子和蝴蝶不同，该物种的成虫没有口器，不能进食。

▷ 为了在夜间寻找雌性，这只雄性苹蚁舟蛾（*Stauropus fagi*）生长有一对巨大的梳状（栉状）触角，身上浓密的鳞毛可以让它保持体温。

大多数蝴蝶和蛾子的食物都是纯液体的，它们喜欢花蜜或腐烂水果的汁液等含糖的液体。它们用卷曲的虹吸式口器取食，有点类似于我们用的吸管。虹吸式口器不仅仅是一个中空的管子，它是由两根管子通过微小的钩状结构紧紧地嵌合在一起的，液体通过两根管子之间的空隙被吸入。整个口器结构有一个内卷的趋势，在不使用时卷成一个线圈，在取食时必须强行伸展才能吸入食物。当口器伸展时，通常在三分之一处有一个明显的弯折，这样蝴蝶就可以用口器尖端垂直探测食物了。

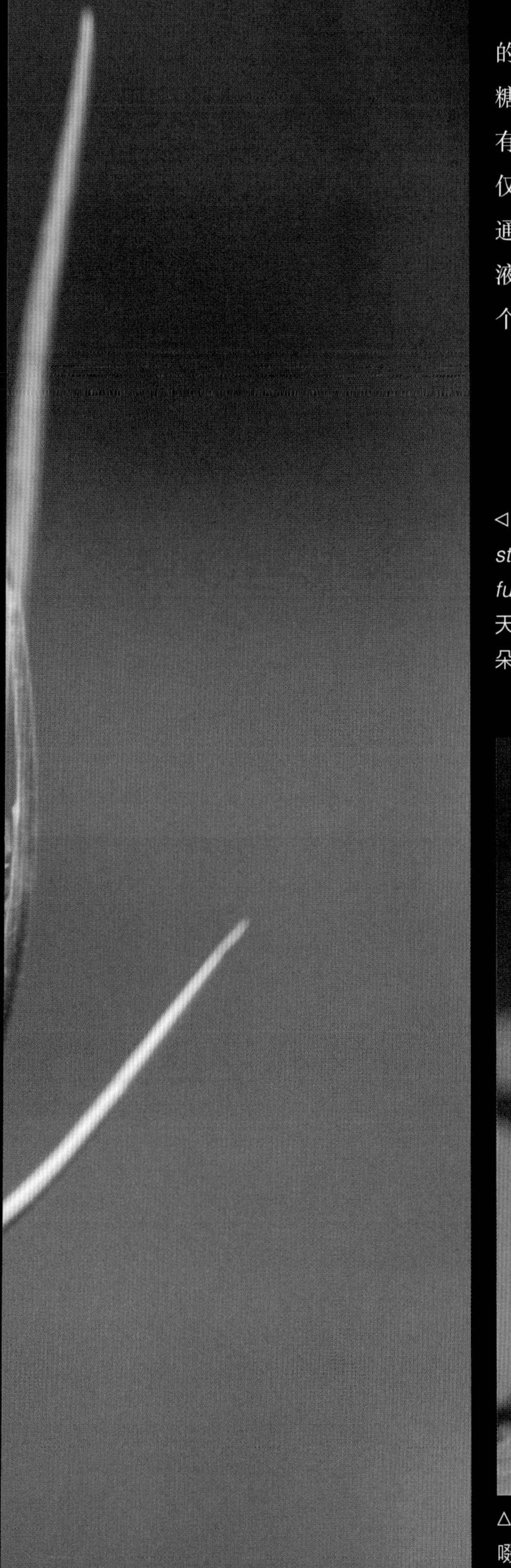

◁一只后黄长喙天蛾（*Macroglossum stellatarum*）对起绒草（*Dipsacus fullonum*）的花朵进行蜜源探测。天蛾具有很长的口器，可以伸到花朵深处获取花蜜。

△ 一只紫闪蛱蝶（*Apatura iris*）正伸出它的口器，也许是为了啜饮蚜虫分泌在叶子上的蜜露。紫闪蛱蝶并不访花采蜜，它们更喜欢蜜露或树液

▷ 红天蛾（*Deilephila elpenor*）在飞行中取食，当它在金银花或矮牵牛花周围盘旋，用它长长的虹吸式口器寻找花蜜时，翅上闪烁着粉红色的光芒。

△ 一只休息的橙尖粉蝶（*Anthocharis cardamines*），它长长的虹吸式口器紧紧地盘绕着。

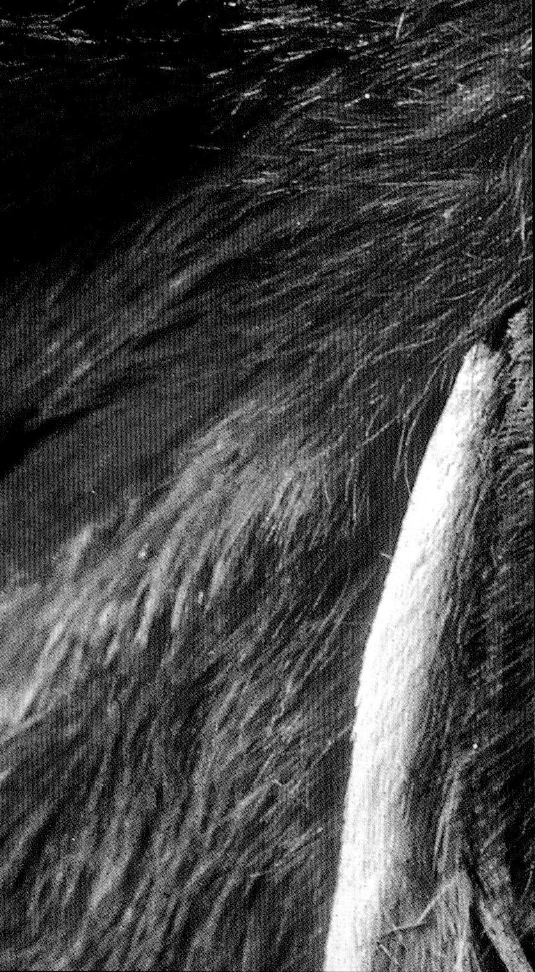

胸部和腹部

蝴蝶的胸部和腹部由一系列体节组成，尽管这些体节并不总是清晰可见。胸部由三个体节组成，每个体节上都着生有一对分节的足。其中后面两节还各生有一对翅。从特写镜头可以看到，许多蝴蝶和蛾子的胸部周围都着生有令人惊讶的鳞毛，几乎像毛皮一样的鳞毛通常延伸到腹部和头部。这些鳞毛在身体表面形成了一个绝缘的空气层，能够保存飞行肌在飞行时产生的热量，而飞行肌必须保持温暖才能正常工作。腹部一般由十个体节组成，消化系统位于腹部的前部，生殖器官位于腹部后端。在雄性蝴蝶中，腹部末节有一种锁紧机制，用来在交配时锁住雌性的腹部。雌性蝴蝶腹部末端有一个可伸缩的产卵器官，叫作产卵器。蝴蝶和蛾子没有动脉和静脉——相反，它们的血液在被称为“心脏”的大血管的驱动下，沿着身体纵轴在体腔内循环流动。

◁ 一只红天蛾（*Deilephila elpenor*）从栖息处垂下，露出多毛的胸部。强壮的体格和浓密的鳞毛有助于红天蛾在夜晚保持体温，而夜间是它们最活跃的时候。

△ 生活在哥伦比亚的小尾蚬蝶（*Sarota chrysus*）的足上着生有特别多的纤毛。这种不同寻常的物种的幼虫以叶附生植物为食，也就是生长在雨林中被雨水浸透的叶子表面的微小植物。

分类

对于大多数人来说，蛾子和蝴蝶之间的区别似乎非常明显：蝴蝶是日行性昆虫，它们的翅面具有令人着迷的色彩，在降落后翅会竖立合拢；蛾子是夜行性昆虫，翅面色彩单一，当它们降落后苍白的双翅平展或像帐篷一样合拢到身体上。虽然这是一条有用的经验之谈，但并不总是经得起仔细推敲：有白天飞行的蛾子，也有夜间飞行的蝴蝶；有色彩美丽的蛾子，也有颜色单调朴素的蝴蝶。一个更基本的区别是基于它们身体结构上的细微差异，包括翅脉的分支模式和触角的形状（蝴蝶具有细长的棒状触角）。蝴蝶和蛾子在鳞翅目系统进化树上形成的并不是平等分支。事实上，整个系统进化树从树干到树枝，几乎全部都被蛾子占据，它们至少占鳞翅目物种的 90%，在鳞翅目的 100 多个科中占了 90 多个。蝴蝶是由蛾子进化而来的，从进化的角度来看，蝴蝶只是蛾子的一个亚类。蝴蝶的系统进化树又分为两个更小的分支，一是弄蝶科（一种身体结实、飞行方式类似蛾子的蝴蝶的科），二是是公认的 5 个“真正的蝴蝶”科——凤蝶科、灰蝶科、粉蝶科、蚬蝶科和蛱蝶科。

▷ 委内瑞拉的银柱眼蝶（*Oressinoma typhla*）是蛱蝶科的成员。和其他蛱蝶一样，看起来只有四条足，它们的一对前足已经严重退化，不能行走。

△ 在巴西，粉蝶科的成员们聚集在一块湿地上寻找盐分。白色和黄色是这个科蝴蝶的主要颜色。

△ 旖凤蝶（*Iphiclides podalirius*）是欧洲最漂亮的蝴蝶之一，
具有很强的飞行能力。

凤蝶科

这一科的已知种类约600种，它们被称为凤蝶，是因为其中许多（虽然不是全部）种类的后翅上有尾突，就像凤凰的尾巴一样。凤蝶因其美丽和优雅而闻名，其中包括世界上最大的蝴蝶——分布在巴布亚新几内亚的稀有种，亚历山大鸟翼凤蝶（*Ornithoptera alexandrae*），它的翅展有25厘米。凤蝶的幼虫头部后面有一个特殊的分叉器官，当它们感受到危险时，这个器官就会突然伸出。这个器官被称为臭丫腺，是这个科的种类所独有的，它们可以通过释放一种类似于松节油的刺激性化学物质来击退捕食者。

△ 长尾玳瑁凤蝶（*Eurytides*）。摄于委内瑞拉。

△ 巴黎翠凤蝶（*Papilio paris*）。摄于泰国。

△ 统帅青凤蝶（*Graphium agamemnon*）。摄于印度尼西亚。

金凤蝶（*Papilio machaon*）的翅上着生有闪闪发光的蓝色鳞片，这种凤蝶在北半球的大部分地区都有分布。

灰蝶科

灰蝶科是一个由大约6000种小型蝴蝶组成的家族，这些蝴蝶通常颜色鲜艳。这个家族拥有世界上最小的蝴蝶之一，西侏儒蓝蝶，又叫褐小灰蝶（*Brephidium exilis*），它的大小和人类的拇指指甲差不多。许多灰蝶的幼虫与蚂蚁有着密切的关系，它们的分泌物（蜜露）常含有大量的糖分和氨基酸，提供给蚂蚁取食，来换取蚂蚁对它们的保护。然而，有些种类的幼虫已经变成了食肉动物，它们生命中的一个阶段在蚁巢里度过，要么捕食毫无抵抗能力的蚂蚁幼虫，要么直接由蚂蚁喂养。

▷ 灰蝶科中约有100种红灰蝶，紫斑红灰蝶（尖翅灰蝶）（*Lycaena alciphron*）是其中一种。雄性红灰蝶经常栖息在阳光明媚的地方，等待路过的雌性红灰蝶，并炫耀它们灿烂的橘红色的翅膀，它们的名字正是来源于此。

△ 斑貉灰蝶（*Lycaena virgaureae*）。摄于欧洲。

◁ 蓝色是灰蝶科蝴蝶的典型颜色，翅正面呈彩虹蓝色。但并不是所有的灰蝶都是蓝色的——有些种类是棕色的，尤其是雌性个体。灰蝶科的一个大的亚科——蓝灰蝶亚科（Polyommatinae）由约2000个物种组成。这是一只雌性的伊眼灰蝶（*Polyommatus icarus*）。

粉蝶科

粉蝶科包括白色的、黄色的、硫黄色的和翅尖橙色等种类。在我们人类看来它们的颜色通常是纯色的，但许多粉蝶被认为具有人眼看不见的紫外线反射图案。虽然这个科的蝴蝶只有1000种左右，但它们却是最丰富和人类最熟悉的蝴蝶。对于菜农们来说，菜粉蝶的幼虫——菜青虫是尤其熟悉的：它们是以十字花科（Brassicaceae）植物为食的害虫。

◁ 在热带地区，经常可以看到雄性粉蝶聚集在潮湿的地面上吮吸盐分，这种习性被称为“扑泥行为”。

△ 菜粉蝶（*Pieris rapae*）。摄于欧洲。

△ 黑缘豆粉蝶（*Colias palaeno*）。摄于欧洲。

△ 优越斑粉蝶（*Delias hyparete*）。摄于泰国。

▷ 印度尼西亚苏门答腊岛阿拉斯河边的尖粉蝶（*Appias*）正在尿液浸泡的沙子中寻找溶解的盐或其他稀有的营养物质。雄性尖粉蝶在交配过程中需要向伴侣提供必需的盐分，用来帮助雌性产卵。

蚬蝶科

这一科的成员以翅膀上金属般或珠宝般闪烁的图案而闻名。一些权威专家将蚬蝶科列为蛱蝶科的一个亚科，但分子和解剖学的证据表明，它们是各自独立但又关系密切的群体。和灰蝶科一样，蚬蝶科中大多数种类都很小，而且许多幼虫也与蚂蚁关系密切。这个科的1200多种蝴蝶中，大部分都生活在美洲热带地区，它们的形状和颜色各不相同，既有单调的飞蛾状生物，又有一些最美丽的蝴蝶。

▷ 生活在苏门答腊岛的泰勒暗蚬蝶（*Paralaxita telesia*）和许多其他蚬蝶科的成员一样，具有精致华丽的翅，翅正面装饰着金属般闪亮的图案。

△ 长尾松蚬蝶（*Rhetus arcius*）。摄于秘鲁。

△ 帕海蚬蝶（*Eurybia patrona*）。摄于哥斯达黎加。

△ 黄虎蚬蝶（*Hyphilaria parthenis*）。摄于玻利维亚。

△ 媚蚬蝶（*Menander menander*）。摄于玻利维亚。

▷ 哥伦比亚的闪绿咖蚬蝶（*Caria mantinea*）因展示了闪闪发光的金属颜色而得名。与其他许多蝴蝶不同的是，蚬蝶经常张开扁平的翅膀栖息在树叶上。

△ 一只蜘蛱蝶（*Araschnia levana*）用它四条正常的足抓在欧耧斗菜

蛱蝶科

蛱蝶科的蝴蝶有时被称为“四足蝴蝶”，因为它们的前腿太小，无法行走。该科大约有6500个物种，包括曾经被归为科的几个大的亚科。其中包括可以从植物中获取某些保护性化学物质的斑蝶亚科（Danainae）和幼虫主要以草为食、成虫具有独特眼斑的眼蝶亚科（Satyrinae）。一些常见和最受欢迎的蝴蝶都属于蛱蝶科，如蛱蝶、斑蝶和除南极洲外其他各大洲都广泛分布的小红蛱蝶（*Vanessa cardui*）。也许最壮丽的是南美洲的大蓝闪蝶（*Morpho menelaus*）——以其铁蓝色双翅上绚丽的金属光泽而闻名。

△ 一只狄网蛱蝶（*Melitaea idyma*）紧抓在欧洲龙牙草（*Agrimonia eupatoria*）的花序上。和许多蛱蝶一样，蝶翅具有明亮的正面和伪装性的背面。

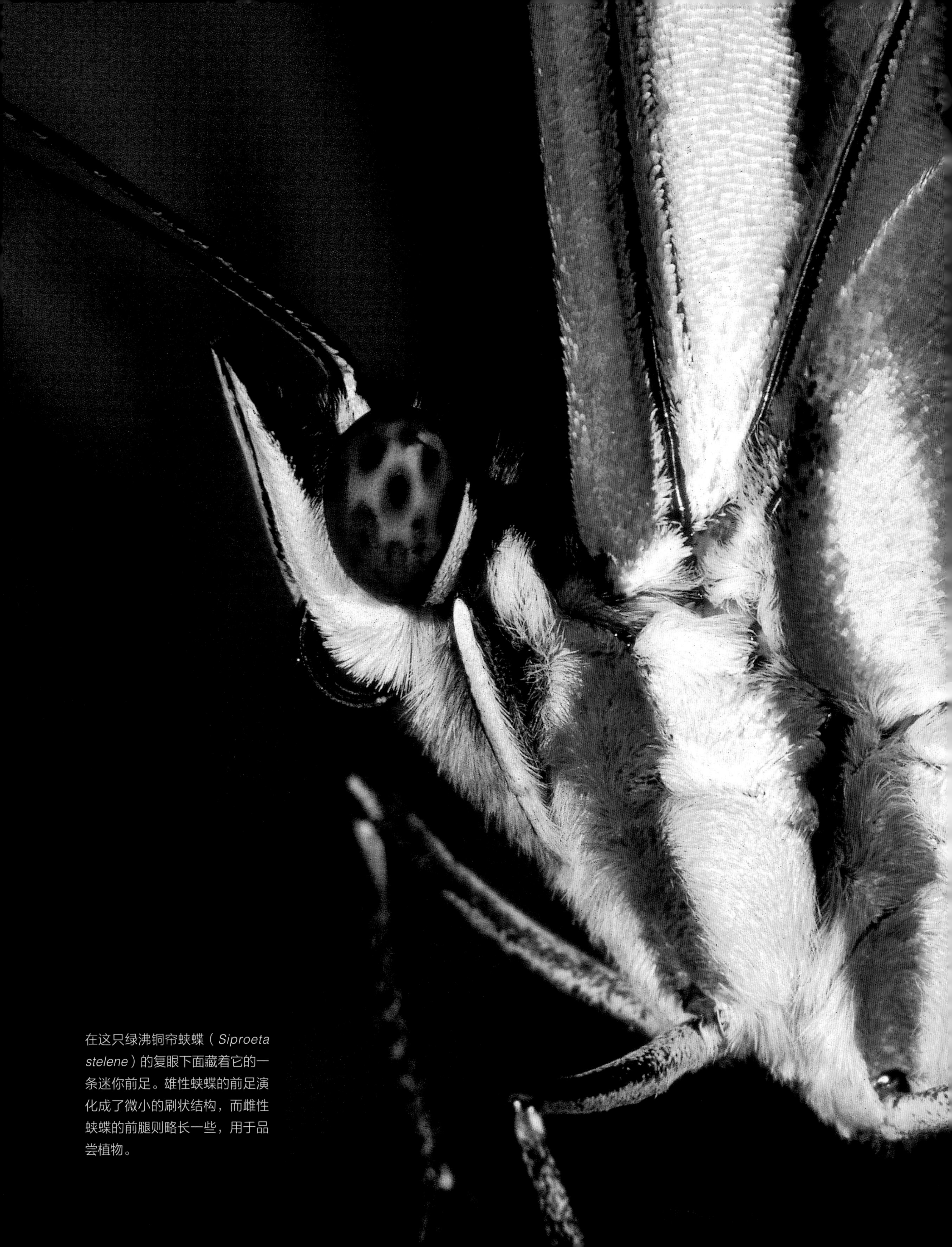

在这只绿沸铜帘蛱蝶（*Siproeta stelene*）的复眼下面藏着它的一条迷你前足。雄性蛱蝶的前足演化成了微小的刷状结构，而雌性蛱蝶的前腿则略长一些，用于品尝植物。

蛾子

从科学的角度看，蛾类并不构成昆虫的自然类别，而是具有自成体系的进化树。它们只不过是鳞翅目的蝴蝶分支被切断后的残存物——因此，没有现代科学术语来形容蛾子。然而，飞蛾比蝴蝶数量多、种类多，生存年代也更久远。它们的大小不一，从翅展只有3毫米的小鳞翅亚目的种类，到鳞翅目中巨大的翅展可达28厘米的白女巫巨夜蛾（强喙夜蛾）（*Thysania agrippina*）。并不是所有蛾子的颜色都是单调的灰褐色。许多体形较大的物种——大鳞翅亚目——在体形和外貌上都与蝴蝶不相上下，还有一些种类看起来与蝴蝶非常相似，只有专家才能分辨出来。在已知的约16.5万种鳞翅目昆虫中，蛾子占了15万种，但蛾子实际的种类可能还要多得多，因为人们认为还有无数的蛾子有待被发现。相对于蝴蝶，蛾子对于科学家来说仍是未知的领域。它们的分类工作还在进行中，目前已经确认的大约有100个科。其中最著名的是天蛾科（Sphingidae），这是一种具有强大飞行能力的昆虫，翅扇动的速度足够快，可以像蜂鸟一样盘旋，以及包括最大和最惊人的蛾子的蚕蛾科（Saturniidae）。一些夜蛾科（Noctuidae）和家蚕一样大甚至更大一些，它们中许多都有具有保护色的前翅，覆盖着色彩绚丽的后翅。灯蛾科（Arctiidae）包括许多在白天活动的种类，而白天是容易被捕食者发现的最危险的时候。许多蛾子用有毒的化学物质来保护自己，还用像蝴蝶一样鲜艳的颜色来宣扬自己的特性。

▷ 黄貂蛾（筋纹灯蛾）（*Spilosoma lutea*）这样的貂蛾之所以得名，是因为它们浓密的鳞毛和带黑色斑点的翅能让人联想起貂皮大衣。

△ 灯蛾（*Ischnognatha semiopalina*）。摄于法属圭亚那。

“当你在雨林中旅行时，你会遇到很多奇怪而又奇妙的生物。你可能会遇到的最令人惊奇的昆虫之一就是大蚕蛾。它们比蝙蝠还大，用巨大的翅膀绕着灯光飞舞，你几乎可以听到它们拍打翅膀的声音。在法属圭亚那，我们住在一家小旅馆里，不得不睡在吊床上。同住的一位科学家架起了一盏特殊的灯，布置了一张白床单，用来捕捉夜间的飞蛾。第二天一早，我环顾了一下拍摄地点，发现了这幅惊人的美景：它趴在一片树叶上，柔和的晨光正好可以让我拍下这张照片。”

◁ 这种南美洲的雄性大天蚕蛾（*Rothschildia hesperus*）的翅展几乎和人类的一双手一样大，但它还不是蚕蛾科最大的成员。东南亚的乌桕大蚕蛾（*Attacus atlas*）翅展25厘米，翅的总面积可能是所有昆虫中最大的。

△ 尺蛾（*Rhodochlora rufaria*）。摄于法属圭亚那。

△ 锚纹蛾（*Callidula*）。摄于马来西亚。

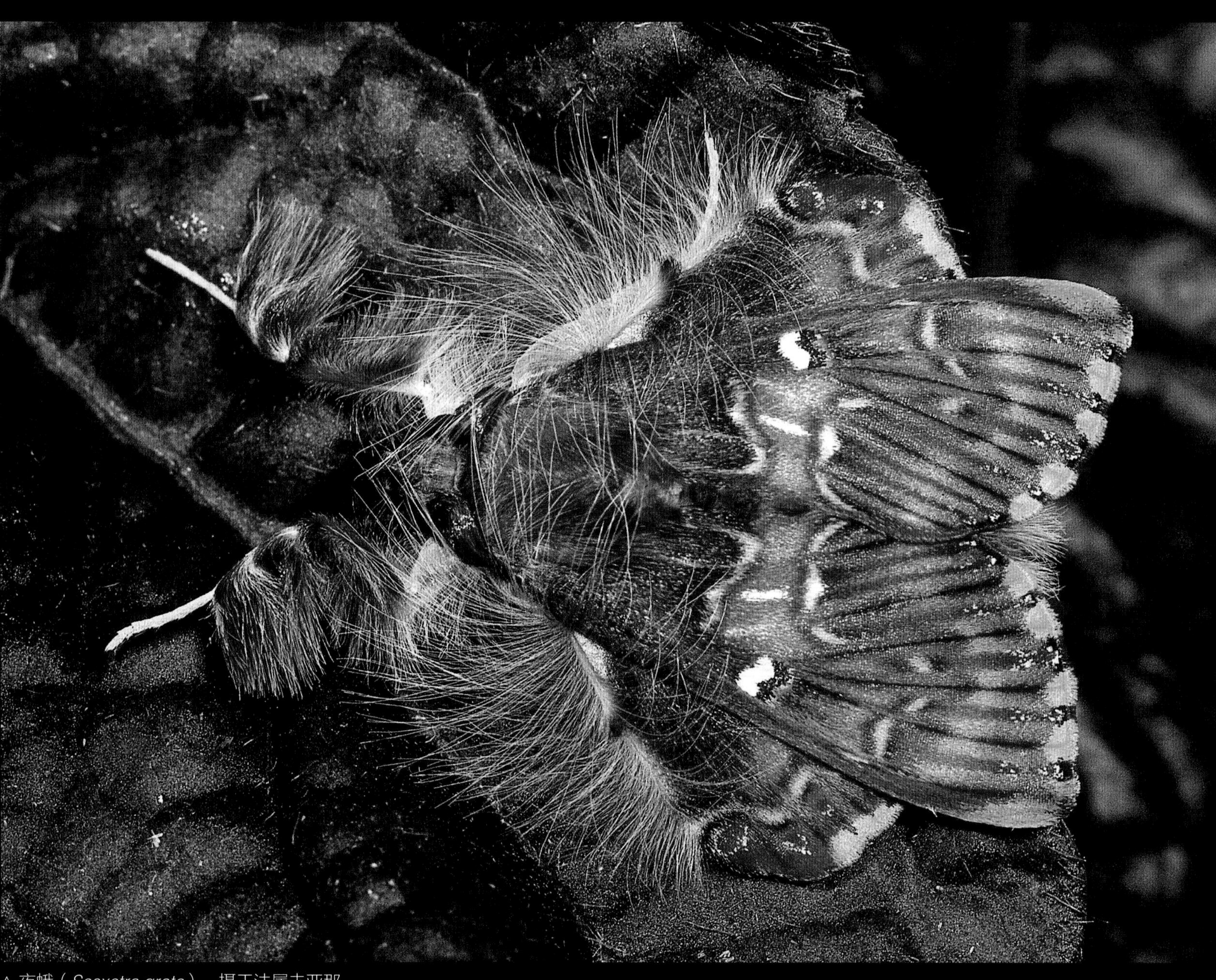

△ 夜蛾（*Sosxetra grata*）。摄于法属圭亚那。

蛾（*Urania leilus*）。摄于玻利维亚。

△ 显脉厚灯蛾（*Pachydota nervosa*）。摄于秘鲁。

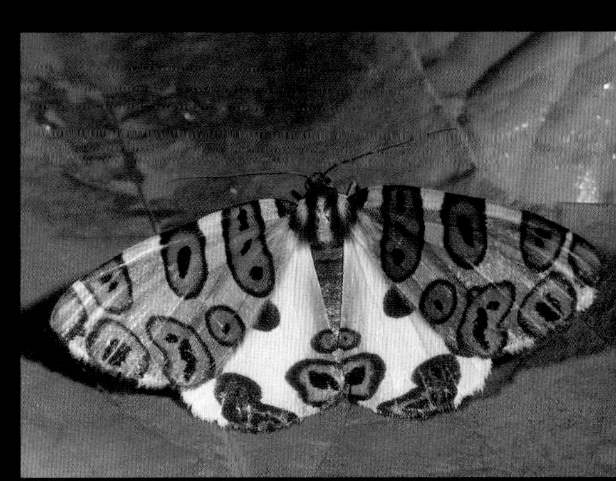

△ 尺蛾（*Pantherodes*）。摄于秘鲁。

蛾（*Protambulyx goeldii*）。摄于法属圭亚那。

蛾（*Polygrammodes zischkai*）。摄于哥伦比亚。

△ 锦纹燕蛾（*Alcides metaurus*）。摄于澳大利亚。

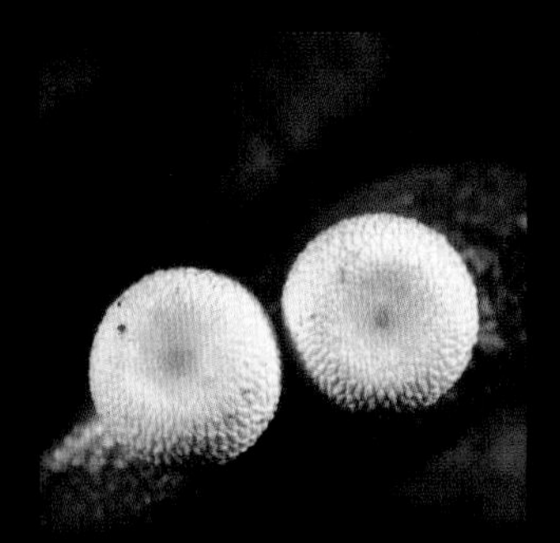

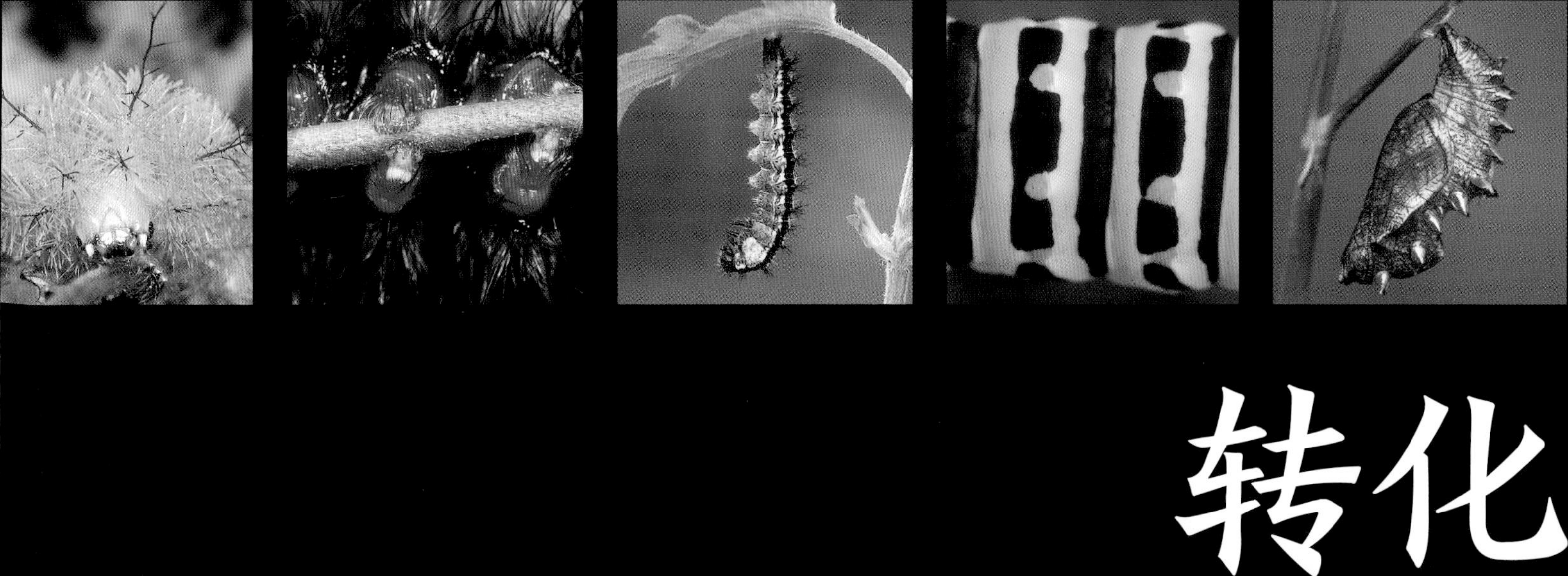
转化

虫——都与之前完全不同。

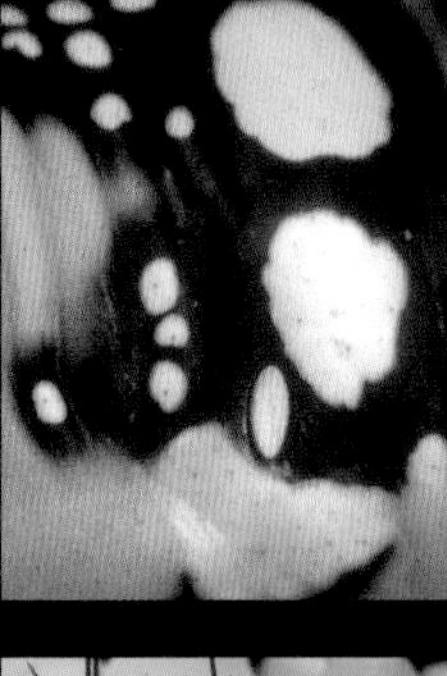

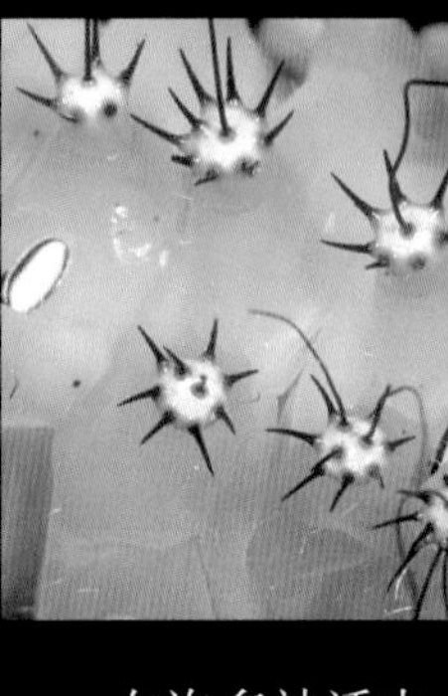
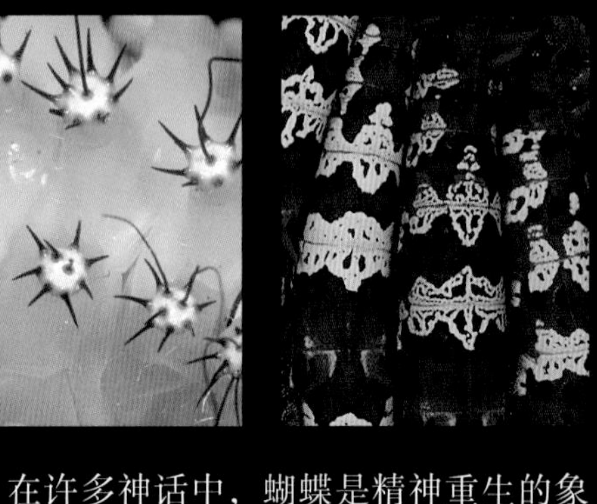

在许多神话中，蝴蝶是精神重生的象征。幼虫时期，被尘封在大地上，受着物质需求的束缚，代表着凡人的生命，而被包裹着的缺乏活力的蛹则象征着死亡。蝴蝶的展翅飞舞，奇迹般地变成了一个轻盈优雅的存在，象征着蜕变与重生。这种看似神奇的转化并不是蝴蝶和蛾子生命中发生的唯一惊人的变化：在它们复杂的生命周期中包括四个不同的阶段，从卵到成虫的每一个阶段，都代表着一次形态的根本变化。虽然蝴蝶成虫的生存时间很短，它的身体无法生长或自我修复，但它们在幼虫阶段会不断地发生变化，每次周期性的蜕皮都伴随着外观或行为上或多或少的戏剧性变化。一只成年蝴蝶只能吃一些含糖的水，而蛹则什么都不能吃，所以，为了维持它整个的生命旅程，它必须在幼虫阶段摄入几乎所有需要的食物。幼虫被恰当地描述为进食机器，它们从卵中孵化出来时，预先设定了一种压倒一切的本能：进食的冲动。

△ 非洲尺蛾（*Rhanidophora ridens*）幼虫爬行时身体的前半部分会形成一个半环。

▷ 绯云豆粉蝶（*Colias phicomone*）的卵在接近孵化时会变成深橙色。

生命初始

在蝴蝶死亡之前，它最重要的任务是为它的后代找到一个家。一只红襟粉蝶（*Anthocharis cardamines*）特别细心地做着这项工作，它在草地和林间空地上缓慢而谨慎地飞行，寻找特定的植物。它被野生芥菜科植物的娇艳花朵所吸引。当它看到一朵花时，首先会仔细检查上面有没有其他蝴蝶产的卵。如果没有，它就会在花朵附近降落，用足上的感觉器品尝植物。如果一切顺利的话，它会在花头和叶子上产下一粒柱状的卵。在富含蛋白质的卵黄和脂肪的滋养下，幼虫在坚硬的、防水的卵壳里生长。蝴蝶的卵在寒冷的天气下可以休眠数月，但在温暖的夏天，幼虫可能会在一周内发育完成，它紧密卷曲的身体塞满了整个卵壳。它会咬破卵壳然后钻出来。有些蝴蝶会把卵成批地产在一起，这样当幼虫孵化出来后，它们为了安全起见会聚集在一起生活。而红襟粉蝶就不一样了。它在每棵植物上只产一粒卵，因为它的幼虫只吃数量极少的花头。如果幼虫在它的植物上发现另一个年轻的竞争对手，会把它吃掉。

◁▽红襟粉蝶（*Anthocharis cardamines*）单粒产卵，并用黏性物质把每一粒卵粘在草甸碎米荠（*Cardamine pratensis*）或葱芥（*Alliaria petiolata*）的花头上。

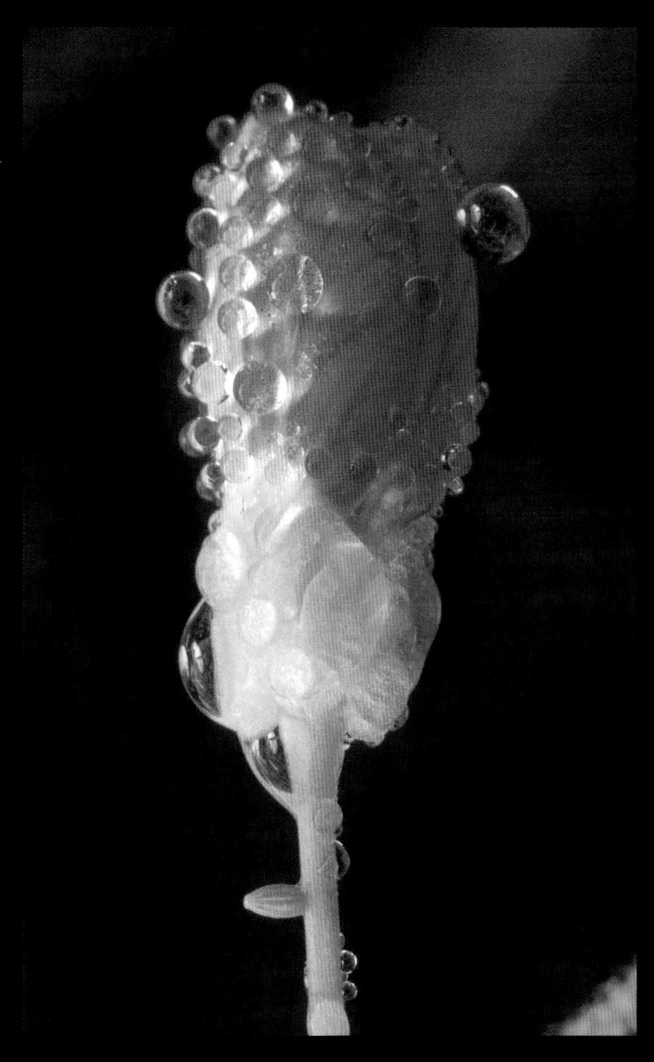

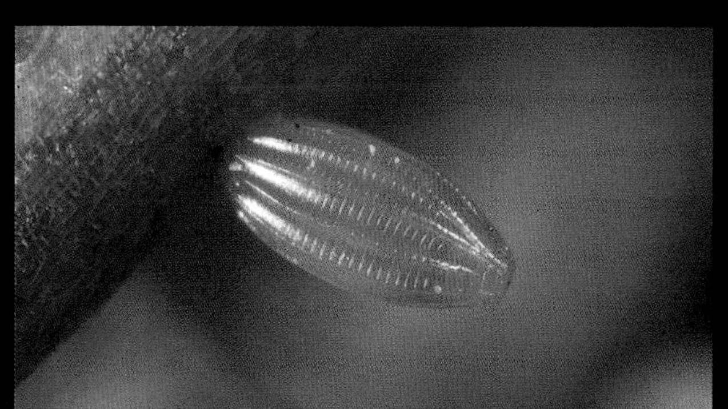

△ 当红襟粉蝶的幼虫发育时，它的身体颜色透过透明的卵壳显示出来，卵壳的亮度这时会变暗。

△ 红襟粉蝶的第一餐是卵壳。并不是所有的幼虫都会吃它们自己的卵壳，但有些幼虫如果不吃卵壳就会死去。

△ 黑带二尾舟蛾（*Cerura Vinula*）的卵。摄于欧洲。

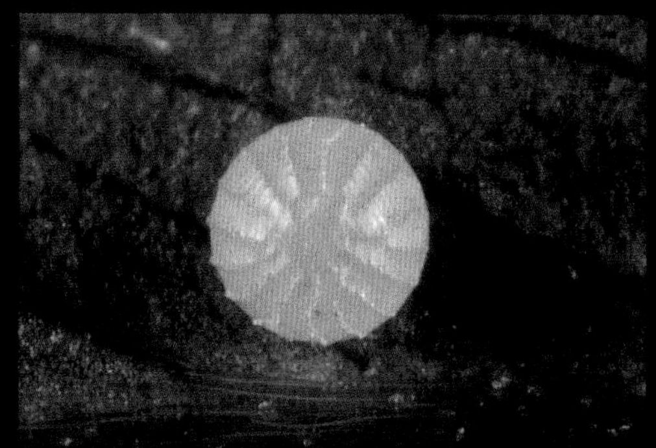

△ 小红蛱蝶（*Vanessa cardui*）的卵。摄于欧洲。

△ 后红黑边天蛾（*Hemaris fuciformis*）的卵。摄于欧洲。

△ 杏仁红眼蝶（*Erebia alberganus*）的卵。摄于欧洲。

△ 阿波罗绢蝶（*Parnassius apollo*）的卵。摄于欧洲。

△ 钩粉蝶（*Gonepteryx rhamni*）的卵。摄于欧洲。

帝蛾（*Saturnia pavonia*）的卵。摄于欧洲。

珍眼蝶（*Coenonympha oedippus*）的卵。摄于欧洲。

△ 灰袋枯叶蛾（*Macrothylacia rubi*）的卵。摄于欧洲。

带二尾舟蛾（*Cerura Vinula*）的卵。摄于欧洲。

△ 旖凤蝶（*Iphiclides podalirius*）的卵。摄于欧洲。

蝴蝶和蛾子的卵在颜色质地和形状上都有很大差异。有的像珍珠一样光滑；另外一些则带有母亲卵巢孔留下的犹如精美雕刻般的图案。在每颗卵的顶部通常有一个轻微的凹痕和一个小洞——卵孔——精子在卵被产出之前从这里进入，使卵子受精。

蜘蛱蝶（*Araschnia levana*）将卵堆叠着产在荨麻叶子背面的刺毛之间。幼虫孵化出来后会聚集在一起生活。

桦蛾（*Endromis versicolora*）在桦树的嫩枝上产卵。当春天来临，随着树的芽叶展开，这些卵就会孵化出来。毛毛虫一开始是黑色的，但蜕皮后会变成鲜艳的绿色。它们聚集在树枝上，好像是桦树的花序。

进食机器

为了有机会成为一只健康的成虫，毛毛虫的体重必须在短短的两周内增加1000倍。所以从孵化的那一刻起，毛毛虫就需要不停地进食。为了适应不停进食的生活方式，它的身体几乎在每个方面都与成虫截然不同。毛毛虫两对锯齿状的上下颚代替了成虫盘绕的虹吸式口器，像剪刀一样把食物剪断嚼碎。它们强健的下颌肌充满了头部，消化器官则占据了身体的大部分。它们没有成虫那种大的复眼，取而代之的是在头部两侧有两排微小、简单的眼睛，这种眼睛只能感受到明暗。在头的两侧有短粗的、向下的触角，可以帮助近乎失明的毛毛虫感知植物的方向。

◁ 秘鲁天蚕蛾（*Gamelia*）的毛毛虫长着防御性的刺，它会先吃叶子的边缘。大的毛毛虫通常在植物外部进食，但许多小蛾子的幼虫则在植物的叶子或茎秆内钻洞取食。

△ 在这只杨黄脉天蛾（*Laothoe populi*）幼虫的头上，黑色的小眼睛、红色的口器和粉红色尖端的触角清晰可见。

爬行方式

所有的昆虫都有六条足，但乍一看，毛毛虫的足似乎更多。仔细观察可以发现，前六条足小而呈爪状，而其余的足都是肥胖且末端有吸盘式构造的。其实，前面的六条足才是真正的分节的足，将来会发育为成虫的足。毛毛虫并不把这些足当足来用，而是经常当作“手”来抓树叶，然后再用嘴把树叶切成碎片。肉质的后足被称为假足或腹足，用于行走和攀爬。这些足在蛹中会完全消失，组织在身体的其他部位被消化和再循环。在每个腹足的底部是一个扁平的脚，上面覆盖着许多趾钩，可以抓住树叶的缝隙。每个腹足内的肌肉可以将脚的中心向内拉，将趾钩插入植物组织，这样可以收紧足的抓握力。大多数毛毛虫都有十个腹足，最后两个可以握成环。然而，有些毛毛虫用更少的腹足就能应付过去：尺蠖只有一到两对腹足，它会通过弯曲身体移动而不是拖着脚移动。

△ 一只秘鲁天蚕蛾（*Automeris*）幼虫用真足（红色）和假足（黑色和红色）抓着树枝。覆盖在假足底部的微小钩子是可见的。

和真正的足相比，毛毛虫的腹足是身体部分延伸出来的无关节的肉质结构。这种秘鲁天蚕蛾的幼虫还拥有令人讨厌的刺。

◁ 尽管只有一到两对腹足，尺蛾科（Geometridae）仍是最灵巧的毛毛虫之一。前足和后足都有足够的力量来支撑整个身体的重量，使它们能够拱起身来行走或是像断了的树枝一样僵硬地伸直。

△ 细羽齿舟蛾（*Ptilodon capucina*）幼虫用它肉质的腹足紧紧地抓住一根小树枝，以防御的姿态向后弯曲。

△ 澳大利亚的纱豹尺蛾（*Dysphania fenestrata*）幼虫虽然颜色鲜艳，但当它用臀足抓住树枝悬挂时，看起来就像一个黄色的嫩芽。

△ ▷ 尺蛾幼虫也被称为尺蠖、圈圈虫和测量虫，像这种暗点赭尺蛾（*Erannis defoliaria*）幼虫在行走时，身体拱成圆圈，一寸一寸地向前移动，就好像在用身体测量自己前进的速度。尺蛾科与几何学有相同的希腊词根，意思是“土地测量者”。

△ 这种桦蛾（*Endromis versicolora*）幼虫半透明绿色皮肤的松散褶皱会随着它的生长而增大。

体壁

所有昆虫都有坚硬的外骨骼，毛毛虫也不例外。虽然毛毛虫的表皮远没有大多数昆虫的外骨骼那么坚硬，但它并不像看上去的那么有弹性，也不能生长。松散的褶皱为毛毛虫提供了一定的生长空间，但最终会达到极限，毛毛虫必须蜕去它的旧表皮。毛毛虫外骨骼中唯一坚硬的部分是头部和胸足周围及身体两侧的气门（呼吸孔）。

△ 杨黄脉天蛾（*Laothoe populi*）幼虫翡翠色的皮肤上点缀着粉红色的气门、对称的黄色条纹和大量的黄色颗粒状凸起。

桦蛾（*Endrois versicolora*）幼虫皮肤上的白色斑点是气门，或者叫呼吸孔。昆虫没有肺。它们的身体内布满了空气管道网络，通过气门与外部世界相连。

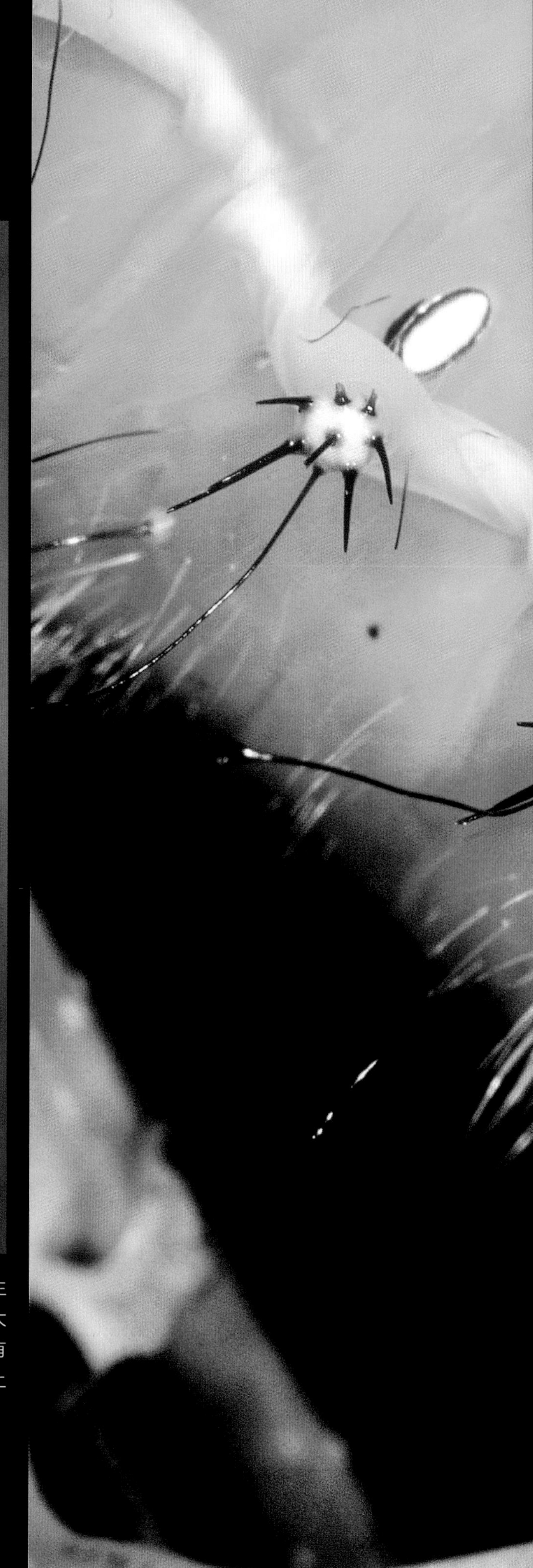

△▷ 大型蛾子幼虫的表皮上经常生有彩色的疣突和令人讨厌的刺。大蚕蛾（*Saturnia pyri*）是欧洲所有蝴蝶和蛾子中体形最大的，它身上奇怪的疣突还会随着蜕皮而变色，先是棕色，然后变成黄色、粉色，最后变成天蓝色。

毛虫遥远祖先身上的一整套更完整的防御性棘状突起的痕迹。如果是这样，为什么进化还没有摆脱它呢？也许捕食者会把它误认为是刺，或者把它误认为是叶柄？其拥有刷状器官，当毛毛虫感到痛苦时，这些器官就会弹出，并释放出警报气味，召集好斗的兵蚁前来支持。

▷ 除了像尾巴一样的尾角，赭带鬼脸天蛾（*Acherontia atropos*）幼虫还有其他几个特征。它的成虫可以发出像老鼠一样的吱吱声，黑色的身体上还有着类似骷髅的图案。

▷ 天蛾幼虫，比如大戟天蛾（*Hyles euphorbiae*）幼虫，有时被称为角虫，因为它们的尾部长有神秘的尾角。

△ 旖凤蝶（*Iphiclides podalirius*）幼虫伸出了它的臭丫腺。这种带有恶臭液体的防御腺可以用来击退诸如黄蜂之类的捕食性昆虫。

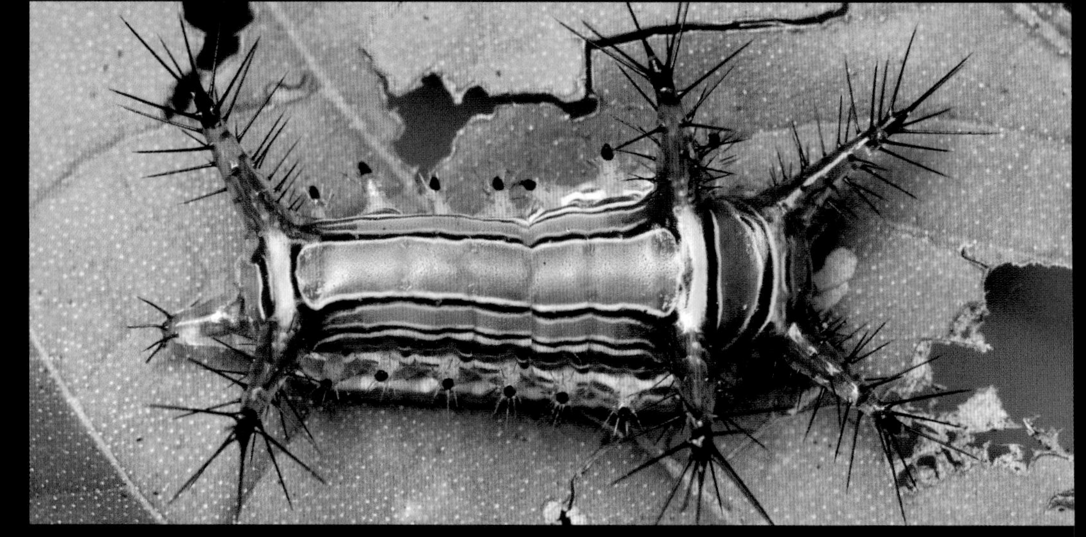

△ 刺蛾（科）（Limacodidae）幼虫。摄于泰国。

△ 舟蛾（*Hemiceras*）幼虫。摄于秘鲁。

△ 灯蛾（科）（Arctiidae）幼虫。摄于秘鲁。

△ 鲁冬夜蛾（*Cucullia lucifuga*）幼虫。摄于欧洲。

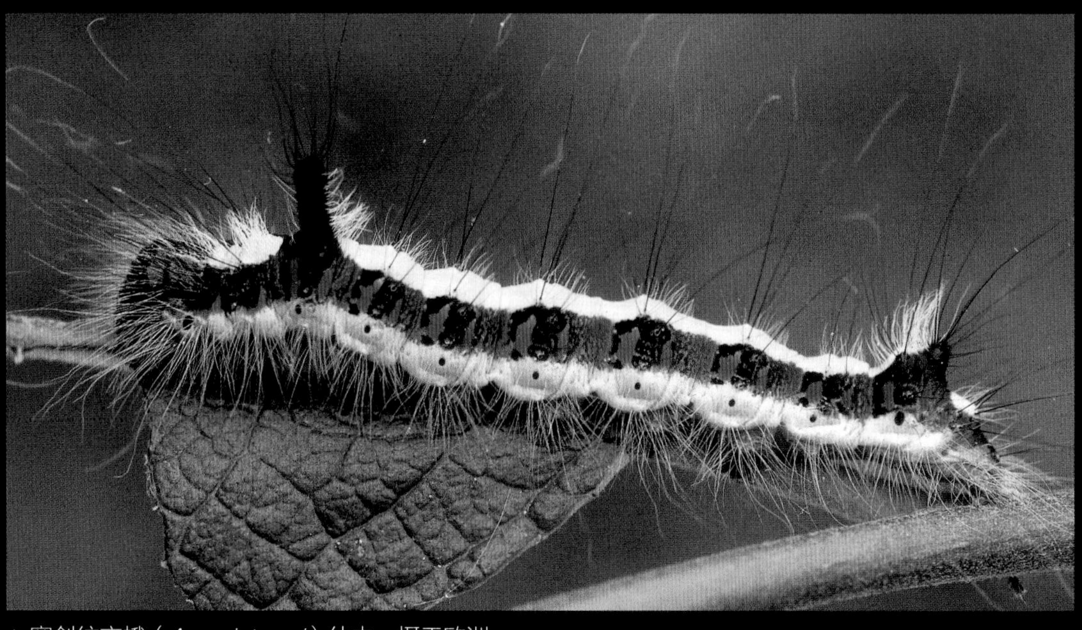

△ 赛剑纹夜蛾（*Acronicta psi*）幼虫。摄于欧洲。

红节天蛾（*Sphinx ligustri*）幼虫。摄于欧洲。

△ 刺蛾（科）（Limacodidae）幼虫。摄于巴布亚新几内亚。

“在秘鲁的雨林里，一位生物学家告诉我，她曾在一棵树上看到了一些形态美丽的闪蝶科的毛毛虫。虽然不在我们行进的路上，但她告诉了我方向，我还是找到了。然而当我试图返回时，却找不到回去的路了。

半小时后，我又回到了那棵树旁——我在绕着圈子走。在雨林中迷路可能是致命的。我开始惊慌失措，大声呼救，但无人应答。我试图让自己冷静下来，决定沿着从树辐射出来的直线走，每走10步就用小刀在树枝上进行标记，这样我就可以区分走过和没走过的路线了。在标记第三条路线时，我终于找到了回去的路。”

细羽齿舟蛾（*Ptilodon capucina*）幼虫。摄于欧洲。

△ 草纹枯叶蛾（*Euthrix potatoria*）幼虫。摄于欧洲。

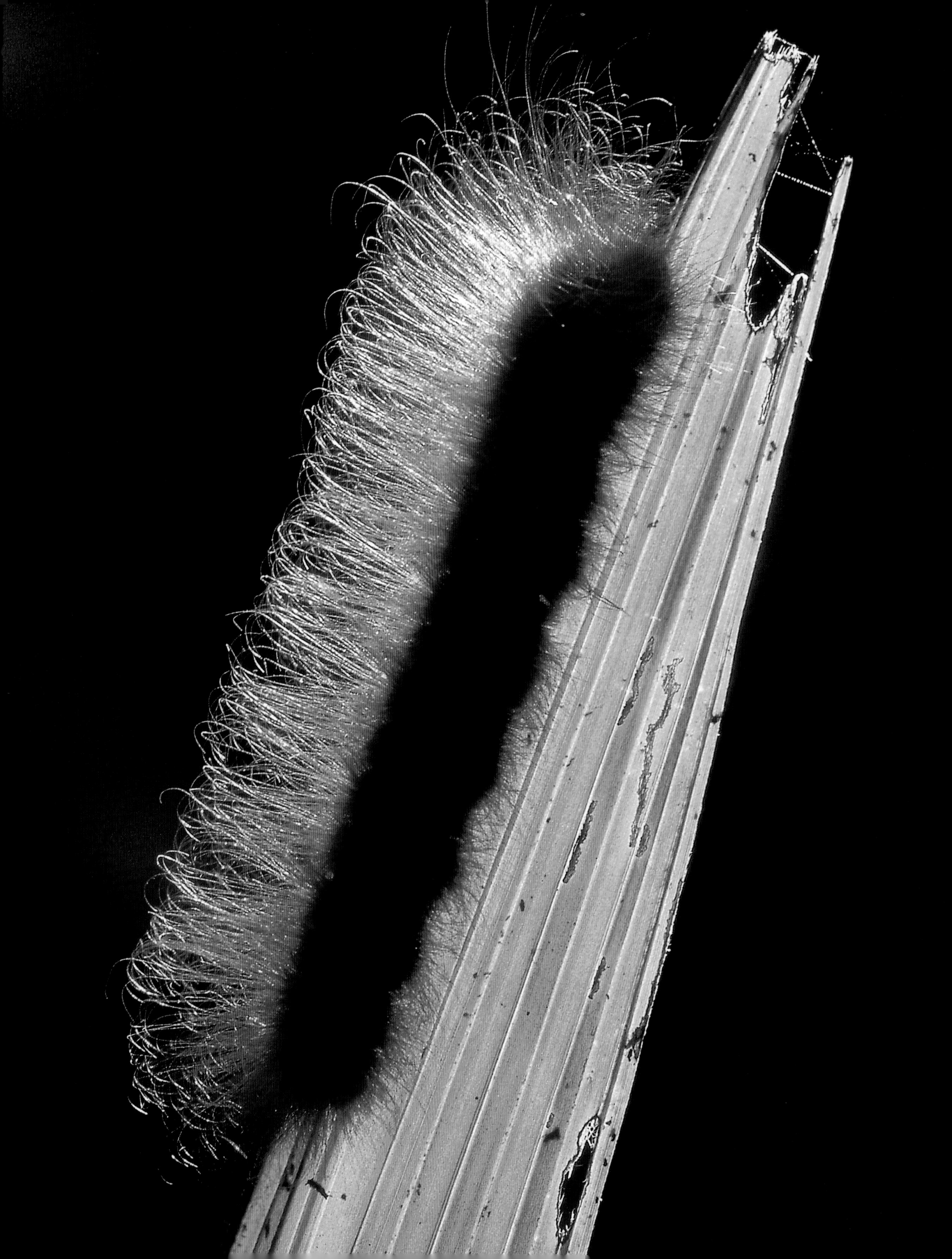

一层厚厚的长毛为这种蛾的毛虫赢得了"毛熊"的绰号。这些长毛可能有助于保护它们免受寄生蜂的伤害，寄生蜂会将卵注入其他昆虫的体内。一旦孵化，寄生蜂幼虫就会从内部吃掉它们的宿主。

◁ 带蛾（科）（Eupterotidae）幼虫。摄于泰国。

△ 天蚕蛾（*Apatelodes firmiana*）幼虫。摄于玻利维亚。

△ 茸毒蛾（*Calliteara pudibunda*）幼虫。摄于欧洲。

挑剔的饮食

毛毛虫大多都是贪吃者，但它们对食物非常挑剔。烟草天蛾（*Manduca sexta*）幼虫可以消化许多种类的植物，但它一旦尝过烟草，就不会再碰其他任何食物，而且宁愿饿死也不愿改变。蝴蝶和蛾子都有这种精致的口味，这是植物对敌人发动进化战争的结果。植物不能从被吃掉中获益，所以它们的组织中含有有毒或难以消化的化学物质。但昆虫可能进化出免疫力，从而破坏特定植物的防御能力。这样一来，这些昆虫就成了专性取食者，而有毒物质则变成了引诱剂而不是威慑物。菜粉蝶（*Pieris rapae*）已经进化出了对辣芥末油的免疫力，而十字花科（Brassicaceae）的植物利用这种物质来对付植食性动物。雌性菜粉蝶在产卵前会寻找芥末油的味道，它们的幼虫会贪婪地吞食含有这些化合物的面粉甚至纸张。植物可以使用物理武器来保护自己，但昆虫也可以破坏这些武器。马利筋的叶子被咬后会分泌一种乳胶，可以堵塞昆虫的口器。但乳草斑蝶的幼虫可以通过在叶柄上切出凹槽让乳胶流出来的方法解除植物的防御。一些蝴蝶和蛾子是掠食性的。嘎霾灰蝶（*Maculinea arion*）幼虫似乎可以欺骗蚂蚁，被蚂蚁当成巨大的蚂蚁幼虫。蚂蚁会把它们拖回巢穴，在那里毛毛虫会狼吞虎咽地捕食真正的蚂蚁幼虫。

▽▷大戟天蛾（*Hyles euphorbiae*）幼虫只吃有毒的大戟属植物（*Euphorbia*）。幼虫用植物的毒素来自卫，当它们感到疼痛时，就会吐出半消化的有毒叶子的浆液。

钩纹金翅夜蛾（*Lamprotes c-aureum*）幼虫只以唐松草属（*Thalictrum*）和耧斗菜属（*Aquilegia*）的植物为食，这两种植物生长在潮湿、阴暗的河边和湿地上。

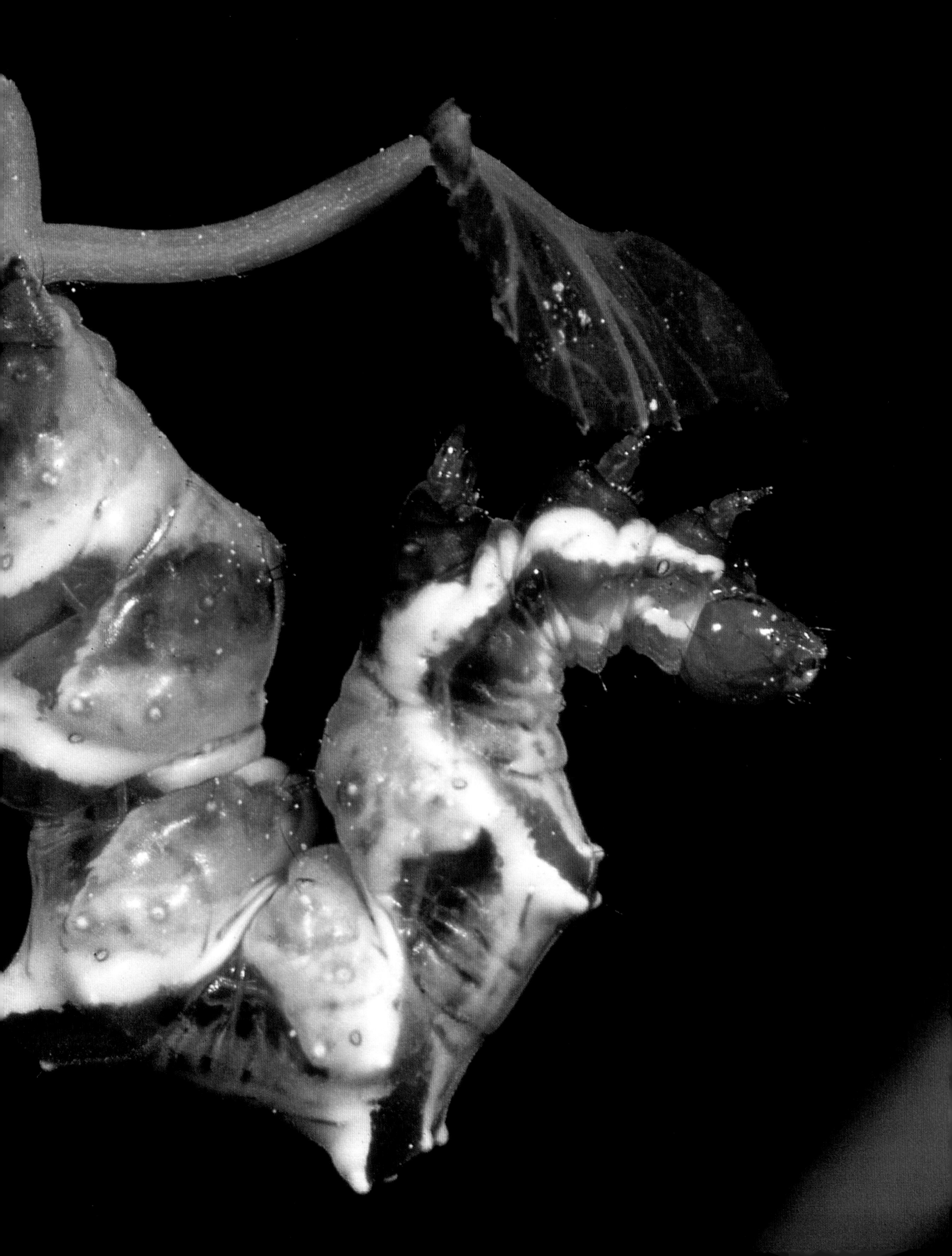

蛾的幼虫对这种生物碱免疫，并把生物碱储存在身体里用来自卫。成虫则将这些生物碱的存在作为产卵的线索。

社会生活

有些毛毛虫是独居的。灰蝶科（Lycaenidae）倾向于单独产卵，为每只幼虫提供一株植物。这些毛毛虫不喜欢邻居的存在——如果它们发现另一只毛毛虫，就会吃掉它。某些生长在热带的西番莲属植物利用了它们这种偏好，生长出看起来像蝴蝶卵的圆形黄色结节。雌性蝴蝶为避免后代被同类所食，会对这种植物敬而远之。与此不同，其他蝴蝶和蛾子会数以百计地成批产卵。这些毛毛虫紧密地聚集在一起，特别是在幼小时，它们可能会在植物周围筑起一个丝巢来保护自己。列队蛾幼虫白天躲在巢穴里，晚上出来冒险，它们盲目地互相跟随，寻找新的植物去蜕皮。它们排成一列，还会沿路铺上丝线，这样就能找到回家的路了。群居生活有很多好处。对于捕食者来说，一大堆令人恼火的刺毛或鲜艳的警告色比一个单独的个体更具威胁性。也许更重要的是聚集在一起可以保持体温——群居的毛毛虫可以比独居的物种保持更高的体温，并且可以更快地到达成熟期。

▷ 荨麻蛱蝶（*Aglais urticae*）的幼虫会在荨麻类植物的顶部建造一个公共的丝巢。天气不好时，它们躲在巢里；阳光普照时，它们就一起离开丝巢去觅食。它们在每次蜕皮后都会建一个新巢，但在接近成熟期时，它们就会分散开来独自生活了。

△ 春天，绢粉蝶（*Aporia crataegi*）的幼虫离开它们的冬季巢穴，成群结队地去觅食。

△ 孔雀蛱蝶（*Inachis io*）的幼虫将荨麻包裹在一个丝做的网幕中，然后取食叶子。

▷栎列队蛾（欧洲带蛾，*Thaumetopoea processionea*）是以它们的幼虫命名的，有时可以看到它们在地面上列队行进。群居的毛毛虫聚集在一起时，刚毛会交织在一起，对捕食者形成一道牢不可破的屏障。

△ ▷ 随着群居地的扩大，稠李巢蛾幼虫的丝网会逐渐延伸，有时甚至覆盖了整棵树。在这个季节的晚些时候，成百上千的蚕茧挂在丝网里的景象同样壮观。由于未知的原因，蛾子的数量具有波动性，在某些年份，丝网稀疏到几乎不会被注意到

大量稠李巢蛾（*Yponomeuta evonymella*）幼虫待在它们共同的丝网上。丝网可以保护幼虫不受鸟类的伤害，而这些毛毛虫则以里面的树叶为食。

如果有充足的食物和温暖的天气，毛毛虫的体重每两天就会增加一倍以上。如果人类婴儿以如此惊人的速度生长，两周内就会超过一吨重。皮肤上松弛的皱褶为毛毛虫提供了一定的生长空间，但当松弛的皱褶被撑开后，毛毛虫就必须蜕皮。在现有的外骨骼下会形成新的外骨骼。正在发育的外骨骼会分泌酶，从内部消化衰老的皮肤，回收宝贵的营养物质。多达90%的旧皮肤会通过这种方式被重新吸收，直到只剩下干燥的外壳。毛毛虫现在准备蜕皮了。它停止进食，收缩肌肉，撕裂旧皮肤，然后头先扭动出来。在新皮肤变干变硬之前，毛毛虫会吸入空气来帮助膨胀身体，拉伸柔软的皮肤，为进一步生长创造空间。大多数毛毛虫会蜕四次皮，蜕皮之间的五个阶段被称为“龄期”。对许多物种来说，蜕皮不仅仅是生长的先决条件，更是一个转变的时期。体色从一个龄期到下一个龄期可能会发生巨大变化。以前不起眼的身体上可能会出现可怕的斑点或条纹；刚毛、疣突或角可能会长出来，也可能会消失。甚至连饮食和行为也会发生变化，一些毛毛虫会放弃取食植物，而转变成食肉动物。

◁ ▽ 大戟天蛾（*Hyles euphorbiae*）幼虫的生活从单调的黑色开始，在第一次蜕皮后变成绿色并拥有明亮的图案。每蜕一次皮，颜色就会更加鲜艳，最后整个身体都变成了血红色，足和尾角也变成了橘红色。

在它最后的龄期，大戟天蛾（*Hyles euphorbiae*）幼虫变成了极其鲜亮的红色和黑色。鲜艳的颜色是一种警告：毛毛虫的身体里充满了大戟科植物的毒素。

“我在瑞士的森林边缘寻找蝴蝶时，突然在桤木叶子上看到了一坨鸟粪。当我靠近它时，我震惊地发现这其实是一只活生生的毛毛虫，这是一个完美的拟态。它卷曲成一个反着的问号，身体的1/3是白色，2/3是黑色，和真的鸟粪简直一模一样。出于好奇，我把它带回了家，并用桤木叶子喂养，同时我也想弄清楚它到底是什么。我简直不敢相信自己的眼睛，这个令人厌恶的东西竟然撕开了自己的外皮，变成非常美丽的毛毛虫。从那以后，桦剑纹夜蛾幼虫一直是我最喜欢的欧洲毛毛虫，尽管它的成虫是一种颜色相当单调的灰色蛾子。”

▽ ▷ 桦剑纹夜蛾（*Acronicta alni*）的低龄幼虫会模拟鸟的粪便，但当它长得太大而无法维持这种拟态时，它就会蜕皮，显示出明亮的黄色和黑色的警告色。

△ 皇帝蛾（*Saturnia pavonia*）幼虫刚开始的时候是黑色的，随着每次蜕皮而变得更加明亮。

△ 蜕皮三次后，毛毛虫的表皮上出现了绿色和黑色的混合斑点。

△ 第四次蜕皮后，毛毛虫的表皮大部分都是绿色的，而疣突则是黑色的。

▷ 老熟的皇帝蛾幼虫是绿色的，表皮黑色的环上有黄色的疣突。近距离看时，鲜艳的颜色使它的防御疣突更加有威慑力；从远处看时，身体上同样的图案可以提供有效的伪装。

当我在瑞士的山区拍摄高山植物时，遇到了我从小就想看到的东西:苹蚁舟蛾幼虫，它无疑是世界上最奇怪的毛毛虫之一。它以经典的防御姿势坐着，头部拱起，腹部折叠，以展示两条不同颜色的尾须——这是动物世界中罕见的不对称的例子之一。但有些事情很奇怪，这只毛毛虫并没有待在它通常的食用植物（山毛榉）上，当我给它拍照的时候，它非常的安静。当我几天后回来时发现了问题所在：这只毛毛虫已经死了，它的身体上布满了成百上千的微小的寄生虫。

▽▷刚孵化出的苹蚁舟蛾（*Stauropus fagi*）幼虫看起来很像蚂蚁。在第一次和第二次蜕皮后，它们看起来像蝎子或螳螂；当它们老熟时，看起来更像龙虾。当受到威胁时，它们会以一种威胁的姿势站起来，挥舞着它们超长的胸足来恐吓敌人。

变态

当毛毛虫完全长大后，它就会为变成成虫的非凡转变做好准备。它必须先找到一个安全的地方休息。可能会用丝悬挂在植物上，或是隐藏在中空的茎秆中，还可能会在地下挖洞，或者把叶子扯到自己周围。蛾子的幼虫把自己围在一个丝做的壳里——一个茧。但是蝴蝶的幼虫经常暴露在外，在蜕变过程中依靠伪装和减少运动来保护自己。最后一次蜕皮时，毛毛虫的外皮在头部裂开，蛹就会从里面蠕动而出。整个身体的分化结构——头、口器、腿、脚等都消失了。在柔软的外皮变硬之前，蛹会使身体膨胀，然后等待。这时已经可以在蛹的外皮上看到成虫身体部位的最终位置——尚未形成的器官的痕迹。在蛹的内部，一场深刻的巨变正在发生：身体的大部分会分解成“营养汤”后再被完全消化。微小的胚胎细胞簇突然活跃起来。就像胚胎以卵黄为食一样，这些细胞以“汤”为食，悄无声息地繁殖并开始转化成形。一只成年蝴蝶开始形成。

▽▷ 孔雀蛱蝶（*Inachis io*）的幼虫贪婪地取食荨麻，只需要一个月就能长成完全的体形，在此过程中会进行四次蜕皮。最后，它们将自己悬挂在附着在植物上的一层丝上，最后一次蜕皮并露出蛹。

这只胖胖的金凤蝶（*Papilio machaon*）幼虫的进食时间已经结束。它在植物上贪婪地取食了几个星期之后，现在准备用丝带把自己绑在植物茎秆上，进行最后一次蜕皮。

金凤蝶（*Papilio machaon*）幼虫用腹部末端的小钩子把自己固定在树枝上，身体由一条丝带环绕，裂开后，就会露出里面的蛹。蛹只能蠕动，它会将外皮一直蠕动到尾部末端。然后尾部会短暂抬起，剥离外皮后重新用一组小钩子牢牢地固定住身体。

六星灯蛾（*Zygaena filipendulae*）的幼虫开始做茧，在变态过程中用来保护蛹。最大的丝茧由一根长达1000米的完整的丝线构成。

△ 模毒蛾（*Lymantria monacha*）的蛹。摄于欧洲。

△ 蓑蛾（科）（Psychidae）的蛹。摄于欧洲。

△ 云粉蝶（*Pontia daplidice*）的蛹。摄于欧洲。

△ 小豹蛱蝶（*Brenthis daphne*）的蛹。摄于欧洲。

△ 隐线蛱蝶（*Limenitis camilla*）的蛹。摄于欧洲。

△ 金凤蝶（*Papilio machaon*）的蛹。摄于欧洲。

加勒白眼蝶（*Melanargia galathea*）的蛹。
于欧洲。

甘薯天蛾（*Agrius convolvuli*）的蛹。摄于欧洲。

△ 蓑蛾（科）（Psychidae）的蛹。摄于欧洲。

钩粉蝶（*Gonepteryx rhamni*）的蛹。摄于欧洲。

△ 狄网蛱蝶（*Melitaea didyma*）的蛹。摄于欧洲。

蝴蝶和蛾子的蛹在颜色和形状上有惊人的不同，但大多数都是为了伪装。静止不动有助于防御，因为鸟类和其他捕食者几乎都需要通过猎物的移动来发现目标。一些蛹在被触摸时身体也会用力地扭动。

生活在哥伦比亚的裙绡蝶（*Mechanitis polymnia*）的蛹的侧面像镜子一样闪闪发光，通过反射周围雨林的光线和颜色来进行伪装。雨后，它们似乎消失在了闪闪发光的湿树叶间。

许多蝶蛹的颜色会随着季节的变化而变化，或者随着周围环境的颜色而变化：绿色是春天新鲜树叶的颜色；棕色或灰色是树皮的颜色。当红襟粉蝶（*Anthocharis cardamines*）的蛹接近成熟时，翅上明亮的橙色色素就会透过外壳显现出来。

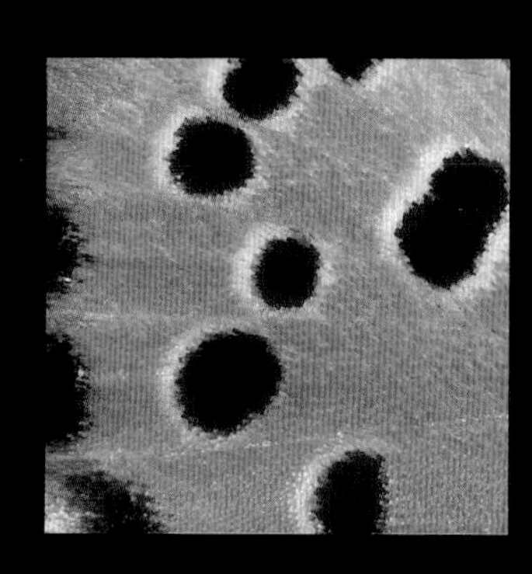

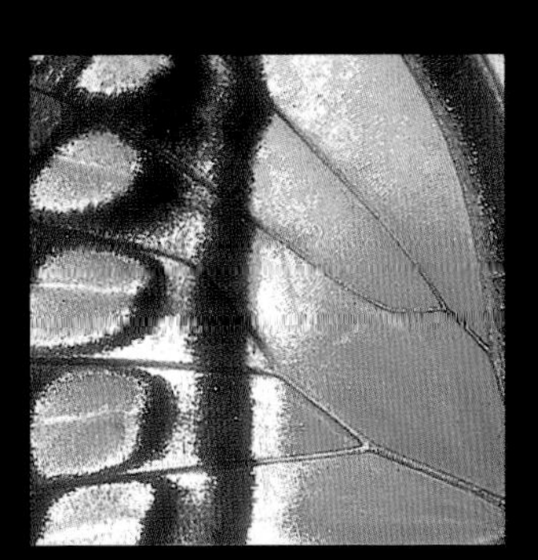

成熟期

生活和行为

从蝴蝶和蛾子破蛹而出的那一刻起，它们短暂的成年生命就几乎完全致力于繁殖。

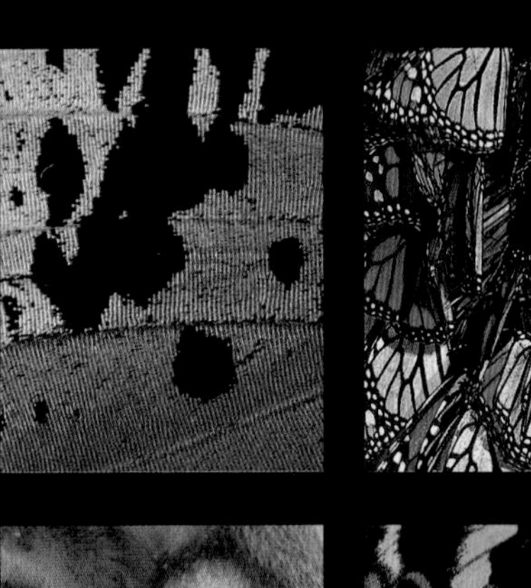

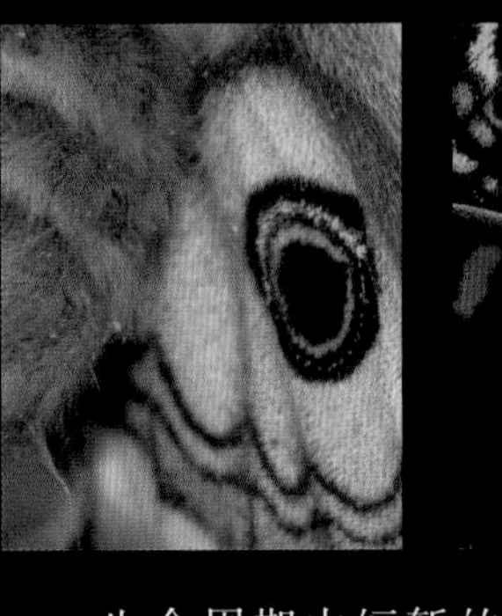

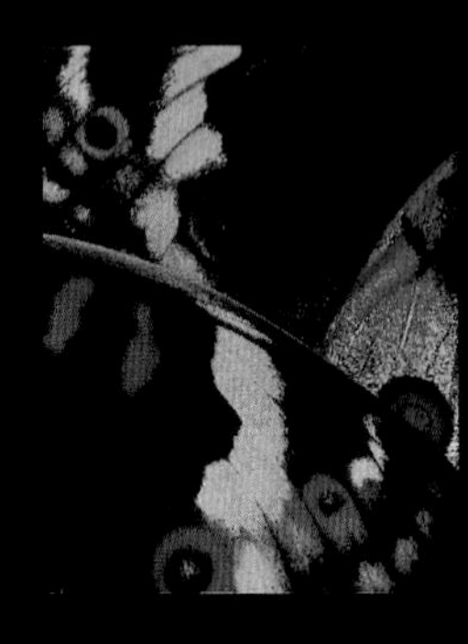

△ 这种生活在南美洲的彩虹色的红腋星蛱蝶（*Asterope leprieuri*）用它长长的口器收集因蒸发而浓缩的矿物质。

▷ 一只刚羽化的金凤蝶（*Papilio machaon*）在空蛹上停了一会儿，准备起飞。

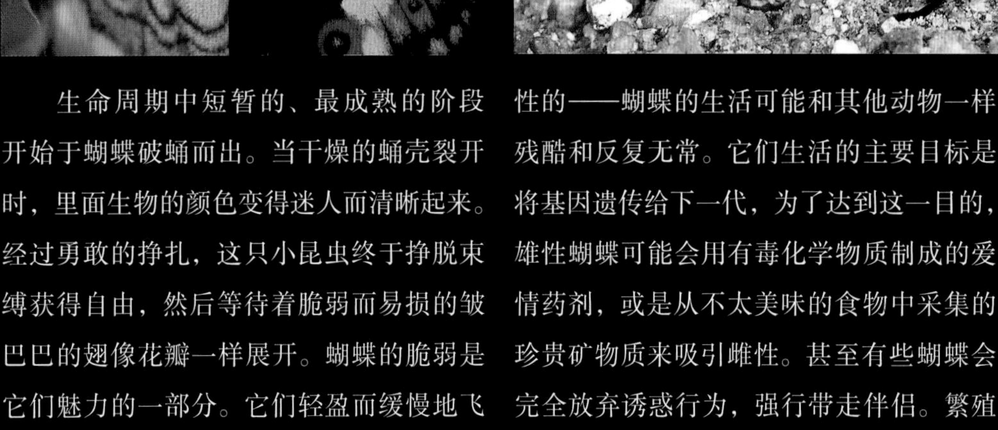

生命周期中短暂的、最成熟的阶段开始于蝴蝶破蛹而出。当干燥的蛹壳裂开时，里面生物的颜色变得迷人而清晰起来。经过勇敢的挣扎，这只小昆虫终于挣脱束缚获得自由，然后等待着脆弱而易损的皱巴巴的翅像花瓣一样展开。蝴蝶的脆弱是它们魅力的一部分。它们轻盈而缓慢地飞翔，在花丛中穿梭时显得可爱而温顺，一生似乎都在追求美丽。这种印象是有误导性的——蝴蝶的生活可能和其他动物一样残酷和反复无常。它们生活的主要目标是将基因遗传给下一代，为了达到这一目的，雄性蝴蝶可能会用有毒化学物质制成的爱情药剂，或是从不太美味的食物中采集的珍贵矿物质来吸引雌性。甚至有些蝴蝶会完全放弃诱惑行为，强行带走伴侣。繁殖并不需要很长时间，所以蝴蝶的寿命通常都很短。许多蝴蝶只活到交配和产卵的时候，然后就会死去；即使是寿命最长的蝴蝶也只能活几个月的时间。

新的开始

蝴蝶的蛹期可能短至一周，也可能长达一年。在温带地区，许多蝶蛹在冬眠（滞育）的状态下度过冬天，温暖的春天和变长的白天是唤醒它们的信号。蝴蝶被限制在脆弱的蛹壳内，通过升高血压和吸入空气来使身体膨胀，沿着头部周围脆弱的蜕裂线撑破蛹壳。蝴蝶会头朝前挣扎着出来，其间可能会休息。由于刚出蛹壳时翅是潮湿和干瘪的，蝴蝶必须栖息在有足够空间的地方展开翅，否则翅变硬后再折叠会导致蝴蝶残废。在等待翅张开、外皮变硬的过程中，蝴蝶会排出在蛹内时堆积在身体中的废物——从肛门喷出橙色或血红色的液体——胎粪。羽化大约一个小时后，它就准备好飞行了——轻扇翅膀，便可翩翩飞起。

▷栖息在野胡萝卜（*Daucus carota*）植株上的金凤蝶张开崭新的翅，通过晒太阳来温暖身体，为飞行做准备。

△ 新羽化的金凤蝶（*Papilio machaon*）栖息在它的蛹壳之上。它把蛹壳撑开钻出来，只留下一根丝挂在蛹壳上。

△ 体液通过翅脉充入翅膀，使翅展开。

△ 当翅膀展开时，空气被泵入翅脉，使其干燥并扩展。

飞行

飞行给蝴蝶带来了许多优势，使它从毛毛虫束缚的世界中解放出来，并创造了寻找食物、配偶和躲避捕食者的新机会。但是这种旅行方式是有附加条件的：飞行消耗能量非常快，所以蝴蝶要想存活时间长一些，就必须定期补充能量。飞行肌必须升温到30℃左右才能有效工作，这使得温带物种特别容易受到天气的影响。因此，许多蝴蝶都是忠诚的太阳崇拜者，我们经常能看到蝴蝶们从一个阳光充足的地方飞到另一个阳光充足的地方去晒太阳。它们的飞行方式因物种而异。许多蛱蝶有一种优雅的、飘浮的飞行方式，它们经常俯冲和滑翔。相比之下，白粉蝶和其他许多粉蝶有一种飘忽不定的、翻滚的飞行风格，它们无法预测地呈“之”字形飞行，这让那些以飞行昆虫为食的鸟类感到困惑。

◁ 一只浑身沾满露水的伊眼灰蝶（*Polyommatus icarus*）与一只食蚜蝇共享栖息处，它等待着早晨的阳光晒干双翅、温暖身体，以便飞行。

△ 一只达梦眼灰蝶（*Polyommatus damone*）在草地鼠尾草（*Salvia pratensis*）上晒太阳，它倾斜着翅膀，是为了更好地接收阳光。

△ 一只金堇蛱蝶（*Euphydryas aurinia*）的翅完全张开，将其深色身体的吸热色素暴露在阳光下。

◁ 一只雄性玉带凤蝶（*Papilio polytes*）在一只雌蝶的下方跳着空中求偶舞。在蝴蝶的求偶过程中，俯冲和盘旋的动作通常扮演着重要的角色，这样做让伴侣可以互相观察并交换气味。雌性玉带凤蝶有三种不同的类型：一种类似雄性，另外两种的颜色更加鲜艳。

▽ 一只绿霓德凤蝶（*Papilio nireus*）落在马利筋（*Asclepias*）上。这种蝴蝶的飞行能力很强，经常出现在非洲南部和中部的森林中，它们会呈“之”字形快速地飞行，只有在进食时才会停下来。

△ 玉斑凤蝶（*Papilio helenus*）。摄于印度。

印度尼西亚阿拉斯河岸边爆发了一团由尖粉蝶属（*Appias*）组成的白色烟云。蝴蝶不像其他较小的昆虫那样以“8”字形水平移动翅膀，它们宽阔的翅是上下摆动的。

取食

蝴蝶的饮食需求和毛毛虫是完全不同的。毛毛虫会消耗大量的低热值植物作为食物，并有一个庞大而复杂的消化系统，用以摄取生长和发育所需的营养物质。相比之下，成年的蝴蝶不能生长，在任何情况下都必须保持轻盈以便飞行，因此消化系统被简化了。它们主要以高能量、流质的食物为食，以补充能量和水分。花蜜是理想的食物，含糖量约为25%，能以一种简单的化学形式为蝴蝶提供飞行所需的能量，而且对消化系统的要求很少。不过，并不是所有的蝴蝶都在花朵中取食。许多蝴蝶更喜欢以腐烂或损坏的水果中渗出的含糖液体为食，新鲜的水果对大多数蝴蝶那脆弱的口器来说是无法穿透的。另一些蝴蝶则在蜜露中寻找食物，蜜露是蚜虫等刺吸树液的昆虫的甜甜的排泄物。

◁一只潘豹蛱蝶（*Argynnis pandora*）在蓟的花朵中寻找花蜜。这种蝴蝶原产于地中海国家，在炎热的夏季，它以花蜜作为主要的水源。

△ 一只红点豆粉蝶（*Colias croceus*）将它的口器伸入红车轴草（*Trifolium pratense*）的花朵里。

△ 大多数蝴蝶专门以花朵或者掉落的果实中的一种为食，但这些优红蛱蝶（*Vanessa atalanta*）对这两种食物都很喜欢。

▷ 一只菲云豆粉蝶（*Colias phicomone*）在帚石南（*Calluna vulgaris*）上取食，这种植物在蝴蝶的高山栖息地很常见。

△ 一只潘非珍眼蝶（*Coenonympha pamphilus*）在滨菊（*Leucanthemum vulgare*）上取食。花序上的许多小花可以为它提供几十口花蜜。

▷ 在秘鲁的雨林中，一只伪装得很好的内萨斯安蛱蝶（*Anaea nessus*）在一棵倒下的树的潮湿木质纤维上取食，它可能是被树上甜美的汁液吸引来的。

神经系统至关重要，但在毛毛虫的食物中钠含量很有限。动物的汗液和尿液中含有丰富的钠元素，许多蝴蝶会贪婪地吸收这两种物质。如果蝴蝶先涂上一点儿湿润的唾液，口渗液或眼泪里寻找盐分或蛋白质，某些夜蛾会刺穿皮肤获取血液。雄性吸血蛾对这些补充剂需求最大，它们必须为雌性提供营养物质作为“婚礼”礼物。

▽ ▷ 蝴蝶经常栖息在潮湿的地面上，用它们长长的口器吸食溶解的矿物质。一些蝴蝶，比如加里曼丹岛的这种雅灰蝶（*Jamides*）会被鸟粪等有机分解物所吸引。

△ 宽带火蛱蝶（*Pyrrhogyra amphiro*）。摄于哥伦比亚。

△ 图蛱蝶（*Callicore*）。摄于巴西。

△ 彩粉蝶（*Catasticta*）。摄于秘鲁。

△ 亚马孙凤蚬蝶（*Chorinea amazon*）。摄于秘鲁。

蝴蝶从水池或潮湿的地面吸取液体的习惯被称为扑泥行为。我们经常可以看到进行着扑泥行为的蝴蝶从肛门里喷出废水，同时用口器吸入更多的水。人们认为，当吸入的水流经蝴蝶的身体时，它们会从水中提取必要的矿物质。

△ 一只燕凤蝶（*Lamproptera curius*）在进行扑泥行为的时候喷出一股废水。摄于泰国。

△ 当一只马奇香粉蝶（*Hesperocharis marchalii*）在潮湿的地面吸取水分时，它的腹部末端形成了一颗废水珠。摄于秘鲁。

△ 断带荫蛱蝶（*Epiphile dinora*）。摄于秘鲁。

△ 奥齐亚美绡蝶（*Pteronymia ozia*）。摄于秘鲁。

△ 七点图蛱蝶（*Callicore lyca*）。摄于哥伦比亚。

△ 咖玛紫斑蝶（*Euploea camaralzeman*）。摄于泰国。

△ 白双尾蛱蝶（*Polyura delphis*）。摄于泰国。

扑泥位置

蝴蝶通过互相观察来寻找扑泥的好地方。一旦发现新的尿液坑或咸水坑，就会迅速吸引一群蝴蝶——俗称“扑泥俱乐部”。在热带地区，这些聚集的地方有时会有数量惊人的蝴蝶，通常是雄性，并且会按照颜色或种类整齐地区分开。大量滞留在地面上的蝴蝶似乎很容易受到捕食者的攻击，它们的安全主要得益于数量的巨大。由于有如此多的眼睛在观察危险，捕食者很难在不被发现的情况下靠近。如果蝴蝶受到惊扰，它们会从地面上集体腾空，形成令人眩晕的翅云。

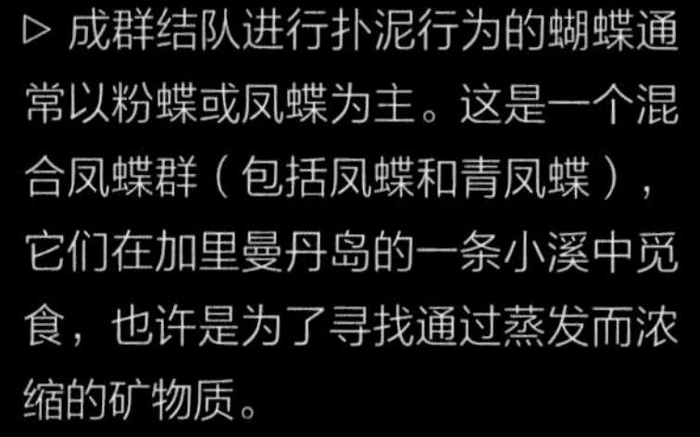
▷ 成群结队进行扑泥行为的蝴蝶通常以粉蝶或凤蝶为主。这是一个混合凤蝶群（包括凤蝶和青凤蝶），它们在加里曼丹岛的一条小溪中觅食，也许是为了寻找通过蒸发而浓缩的矿物质。

△ 一只凤蝶科的绿凤蝶（*Graphium antiphates*）在潮湿的

“摄影师可以使用多种技巧使拍摄蝴蝶更加容易。一种是在手指上滴上汗珠。一旦尝过这种咸的液体，蝴蝶就会变得非常温顺，可以很容易地把它放在花朵上。在热带雨林中，吸引蝴蝶的一个好方法就是在地上撒尿。在苏门答腊岛，我在探索阿拉斯河时响应了‘大自然的召唤’，一小时后返回时，发现成百上千的粉蝶正贪婪地趴在潮湿的沙子上吮吸着。当我靠近的时候，蝴蝶像一团雪花一样飞了起来，当我后退时，蝴蝶又降落了下来。”

▷ 在印度尼西亚苏门答腊岛的阿斯河岸边，白色的尖粉蝶（*Appias*）聚集在浸满尿液的沙子上。

△ 在泰国的一条河边，一对青凤蝶（*Graphium sarpedon*）正在潮湿的碎石上取食。

△ 进行扑泥行为的蝴蝶群可以包含很多物种，特别是在热带地区。在这里，青凤蝶（蓝色和黑色）加入了主要由白色粉蝶和其他粉蝶（主要是尖粉蝶属*Appias*）主导的群体。

斑马凤蝶（*Eurytides*）在亚马孙河流域的潮湿泥土中寻找水分和可能的矿物质。在它们的腹部末端可以看到排出的水珠。

◁ 在秘鲁，有几种黑珍蝶（包括泥黑珍蝶*Altinote negra*、双纹黑珍蝶*Altinote dicaeus*和埃丽诺黑珍蝶*Abananote erinome*）在干涸的河床上搜寻盐分或其他通过蒸发而浓缩的矿物质。

▽ 即使是生活垃圾也能为蝴蝶提供宝贵的盐分。在这里，黑珍蝶在当地村民用来敲打衣服的巨石上取食，它们可能是被洗衣粉残渣中的矿物质吸引来的。

“有些蝴蝶在取食矿物质的时候变得非常温顺，它们的感觉会变得迟钝，就好像被液体麻醉了一样。在秘鲁，我看到一群凤蝶趴在碎石路上，从地上吸取水分。在最佳情况下这些蝴蝶是相当大胆的，因为它们受到氰化物和明亮警示色的良好保护。这群蝴蝶没有试图逃离接近的车辆，因而许多都被过往卡车的车轮碾碎了。”

许多蝴蝶在离出生地几百米内的地方度过了短暂的一生，但另一些蝴蝶则开始了史诗般的旅程——跨越整个大陆和海洋。每年春天，小红蛱蝶（*Vanessa cardui*）都会离开它们在北非的冬季住所，穿越地中海到达欧洲。在每个季节的迁飞过程中，可能会有几代蝴蝶，每一代蝴蝶都扩散到更多的土地上，最终到达欧洲最北的芬兰。同样，黑脉金斑蝶（*Danaus plexippus*）每年都会从墨西哥向北迁飞，到达北美洲东部进行繁殖。秋天，生活在落基山脉以东的整个黑脉金斑蝶种群返回南方——这是一次由一代蝴蝶完成的超过 3000 千米的飞行。在本能的指引下，它们只有在睡觉或取食花蜜时才会停下来，它们的目的地是墨西哥中部的一个偏远地区。在那里，数亿只黑脉金斑蝶聚集在高地冷杉林所在的一小块土地上。在这里，蝴蝶不会受到霜冻的影响，但在冬天的大部分时间里，它们都处于半休眠状态。

▽ ▷ 在墨西哥，黑脉金斑蝶（*Danaus plexippus*）栖息在一棵神圣冷杉（*Abies religiosa*）上。每棵树上可多达10万只蝴蝶，每公顷森林可以容纳多达1300万只黑脉金斑蝶。

在温暖的天气里，栖息的黑脉金斑蝶会变得活跃起来，成千上万只蝴蝶飞起来去寻找水源。到了春天，它们性成熟后，会在离开此地返回北方之前的一段时间里进行交配。

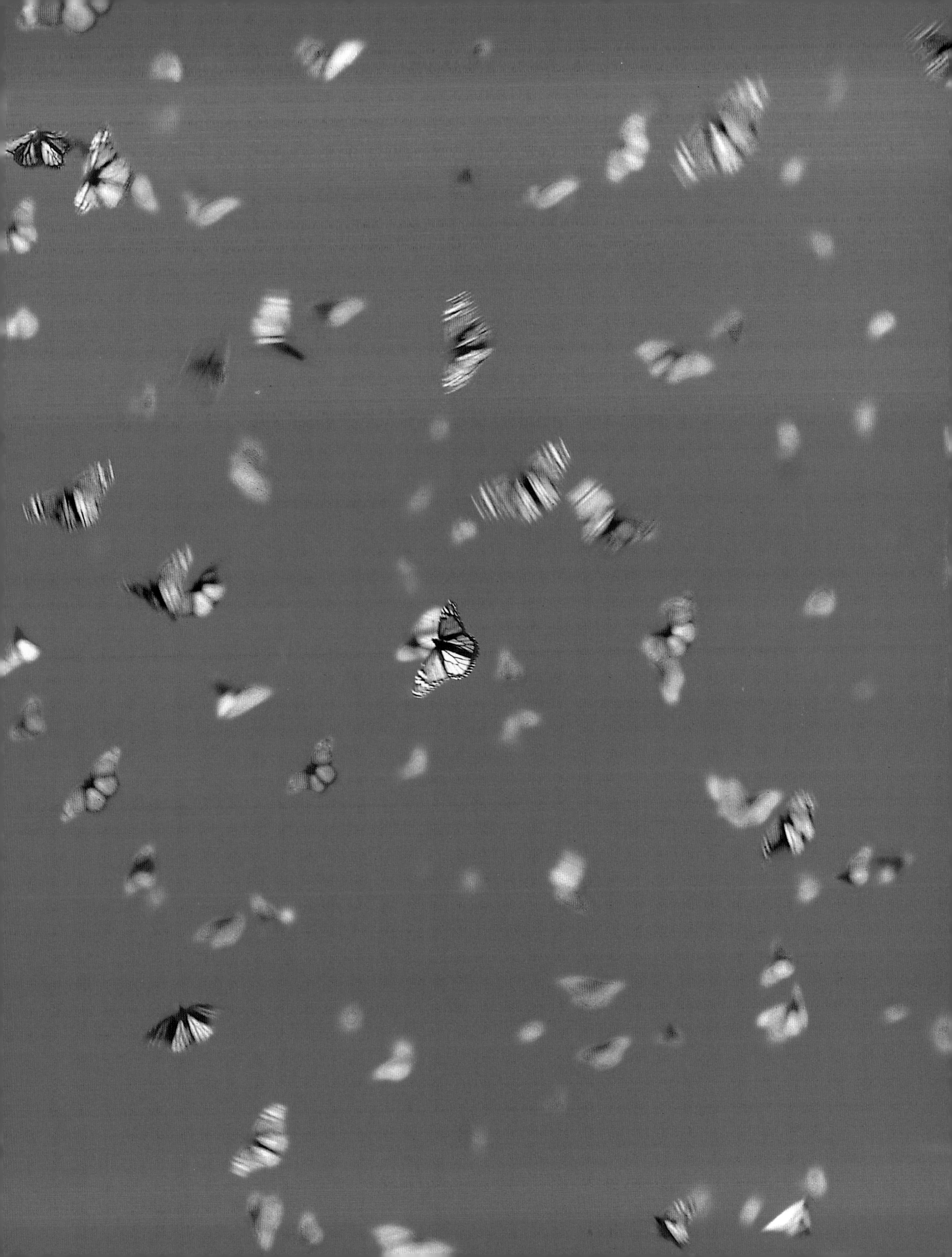

求偶

蝴蝶的求偶通常是由雄蝶发起的，它们通常使用两种方法中的一种来寻找雌性伴侣：栖息等待和巡逻查找。栖息等待的方法只会在显眼的地标处使用，比如山顶或阳光明媚的空地。如果有雄性竞争对手出现，这只蝴蝶就会在空中进行小规模战斗，赶走入侵者——两只雄蝶会在对方周围盘旋，试图确立领土权利。“巡逻警”通过巡游已知的出没地来寻找雌蝶，在某些情况下，也会在毛毛虫的食用植物周围查找，以免错过未交配的雌蝶。一旦雄性和雌性发现对方，求偶就开始了。第一阶段通常发生在空中，雄性在雌性身前和身下飞绕，这样雄性的气味就会飘向雌性的触角。接下来，它们可能会降落，进行一系列精心设计的点头、振翅和轻扣触角的动作。如果雌性被打动，就可能会同意交配。

▷ 雄性橙尖粉蝶（*Anthocharis cardamines*）巡逻般地寻找配偶，在林地边缘和树篱上飞来飞去寻找雌蝶。雄性翅上有一片橙色的闪光区域，这种颜色可能是为了吸引雌性或恐吓竞争对手。

△ 荨麻蛱蝶（*Aglais urticae*）是栖息等待雌蝶的物种。雄蝶或是停留在那里守卫自己的领地，或是俯冲下来赶走入侵的或是向雌性求爱的其他雄性。

△ 荨麻蛱蝶（*Aglais urticae*），翅背面。

△ 通珍蛱蝶（*Clossiana thore*），翅背面。

△ 通珍蛱蝶（*Clossiana thore*）通过巡逻查找雌蝶。仲夏时节，雄性游弋在

◁ 在求偶过程中，气味对许多蝴蝶来说至少和翅的颜色等视觉信号一样重要。雄性绿豹蛱蝶（*Argynnis paphia*）前翅上的深色条纹是有香味的鳞片区域，被称为香鳞。在求偶期间，雄性用翅擦过雌性的触角来传递自己的气味。

▷ 一只雄性绿尾大蚕蛾（*Actias selene*）栖息在一棵核桃树上，等待着雌性的气味飘过它羽状的触角。雌性绿尾大蚕蛾在夜间通过挤压腹部末端的气味腺来“呼叫”雄性。雄性可以在几千米外嗅到雌性的气味，并沿着气味轨迹顽强地逆风飞过去。

△ 雄性多眼灰蝶（*Polyommatus eros*）。摄于欧洲。

△ 雌性多眼灰蝶（*Polyommatus eros*）。摄于欧洲。

△ 雄性狄网蛱蝶（*Melitaea didyma*）。摄于欧洲。

△ 雌性狄网蛱蝶（*Melitaea didyma*）。摄于欧洲。

△ 雌性斑貉灰蝶（*Lycaena virgaureae*）。摄于欧洲。

△ 雄性斑貉灰蝶（*Lycaena virgaureae*）。摄于欧洲。

△ 雌性克里顿眼灰蝶（*Polyommatus coridon*）。摄于欧洲。

在一些蝴蝶物种中，雄性和雌性几乎是完全相同的；而在另外一些物种中，雄性的颜色更加鲜艳。颜色艳丽的雄性为何如此进化是一个谜，因为很少有证据表明雌性更喜欢色彩鲜艳的伴侣。也许在某些情况下，雄性进化出这些明亮的颜色是为了恐吓竞争对手。

△ 雄性克里顿眼灰蝶（*Polyommatus coridon*）栖息在一棵无茎刺苞菊（*Carlina acaulis*）的花朵上。

△▷ 雄性伊眼灰蝶（*Polyommatus icarus*）总是鲜艳的蓝色，但雌性的颜色范围是从深棕色到几乎和雄性一样的蓝色。

交尾

如果求偶成功，雄蝶和雌蝶会将腹部末端结合在一起，并使用一个复杂的锁扣装置将它们紧紧地“锁”在一起。雄性现在可以插入它的可翻转的交配器，通过像翻袜子一样由内向外翻转的方式延伸到雌性体内。精子储存在一个特殊的包裹（精包）中，里面富含盐和其他帮助雌性产卵的营养物质。雄性可能会将其体重的10%转化为营养物质和精子一起“捐献”到精包中，但一些雌性会利用这种慷慨，与多个伴侣交配，并丢弃前面所有的精子，只留下最后一个精包中的精子。作为对策，某些蝴蝶物种已经进化出防止雌性“不忠”的方法。雄性袖蝶（*Heliconius*）会带给它们的配偶一种其他雄蝶都会感到厌恶的气味。像阿波罗绢蝶（*Parnassius*）这样的蝴蝶更是变本加厉地用一个大塞子封住雌性的外生殖器。

◁ 在委内瑞拉的热带雨林中，一对奥卡亮绡蝶（*Hypoleria ocalea*）的腹部锁在一起进行交尾。左边的是雄性。

△ 生活在秘鲁亚马孙雨林中的阿杜那绡蝶（*Ithomia*

“在瑞士的意大利语区——提契诺州，我很幸运地拍摄到了一个罕见的景象：钩粉蝶的求偶。这只雌蝶采用了粉蝶经典的拒绝姿势：腹部抬起，展开双翅。尽管这看起来很像是一个求偶姿势，但这种姿势使得雄蝶无法接触到雌蝶的腹部进行交配。但并不是所有雄蝶都允许雌蝶做选择。雄性黑脉金斑蝶会将它们的伴侣摔到地上，强迫它们接受。有些袖蝶甚至不等伴侣从蛹中出来——雄蝶直接在蛹壳裂开的那一刻将腹部插入。”

▽▷ 一只雌性钩粉蝶（*Gonepteryx rhamni*）拒绝了雄蝶的求偶，将它的腹部抬高到翅膀之上，远离雄蝶的腹部和交配器。

△ 狄网蛱蝶（*Melitaea didyma*）。摄于欧洲。

△ 酷灰蝶（*Cyaniris semiargus*）。摄于欧洲。

△ 巢蛱蝶（*Chlosyne*）。摄于哥斯达黎加。

根据物种的不同，交尾的蝴蝶可能会“锁”在一起长达24个小时，也可能短至1个小时。在交尾过程中，当它们受到干扰时就会逃跑，其中一方通常会很不优雅地悬挂在另一方的身上，然后在更僻静的地方安顿下来。

△ 伊达豆灰蝶（*Plebejus idas*）。摄于欧洲。

△ 帝女蜜蛱蝶（*Mellicta parthenoides*）。摄于欧洲。

△ 莽眼蝶（*Maniola jurtina*）。摄于欧洲。

产卵

雌蝶可以将伴侣的精子在腹部储存好几天，这样它就有足够的时间找到产卵的场所。有些蝴蝶仅仅是把卵从空中撒播出去，如果毛毛虫以草为食，这种策略非常有效。但大多数蝴蝶更具有辨别能力，它们必须仔细寻找合适的植物。当雌蝶在空中发现一株看起来合适的植物后，通常会降落并进行一系列的检查。它可以通过观察叶子绿的程度和汁液情况来评估植物的状况。它还可能会用触角轻拍叶子，或者用足划破叶子，通过检查是否有特定的化学物质来确定这株植物是否合适。有时蝴蝶在树叶间飞舞，好像在对每一片树叶进行分级。如果这株植物通过了所有的“测试”，或是雌蝶非常着急，它就会开始产卵。

△ 罕莱灰蝶（*Lycaena helle*）在拳参（*Polygonum bistorta*）上产卵。
为了让卵不被发现，蝴蝶通常会把腹部弯曲将卵产到叶子的背面。

◁ 这只体形肥胖、没有翅膀的雌性古毒蛾（*Orgyia antiqua*）无法飞行，只能勉强行走，它的整个成年生活都在它的茧旁度过。它会释放出一种气味来吸引黄褐色的雄性前来交配。

△ 交配后，雌性古毒蛾会将卵产在残茧上，然后就会死去。这些卵在冬天一直处于休眠状态，直到孵化成毛茸茸的毛毛虫。

“有一年的四月，我发现了美丽的皇帝蛾幼虫，并带了几只回去在家饲养。它们在秋天结茧，并在第二年春天羽化出一只雌蛾。我把它放在我的花园里，几分钟后，三只雄蛾出现在它的周围飞来飞去。交配后，它在一棵黑刺李树上产了卵，让我能拍下这些特写镜头。”

◁ 一只雌性皇帝蛾（*Saturnia pavonia*）栖息在黑刺李（*Prunus spinosa*）的小枝上，它在寻找合适的产卵地点。黑刺李是皇帝蛾幼虫的多种食用植物之一。

△ 雌性皇帝蛾用腹部末端的管状器官（产卵器）将卵整齐地粘在树枝上。

△ 这些卵被一种黏性的胶质物固定在适当的位置，这种胶质物

寿命

蝴蝶天生就不是长寿的。它们的流质食物中除了含糖液体外几乎没有其他成分，而且身体的大部分部位无法产生生长或自我修复所需的新细胞。在羽化后的几周内，许多蝴蝶就开始变得苍老。与其他蝴蝶的小冲突、与植物或蜘蛛网的碰撞都会对它们的翅造成损害，翅就会变得破旧，美丽的颜色随着鳞片的磨损而褪色。即使一只蝴蝶躲过了灾难、捕食者和变幻莫测的天气，年老或饥饿也会在一个月左右的时间里夺走它的生命。但是也有例外：冬眠的蝴蝶可以存活长达一年，尽管它们大部分时间都不活动。生活在美洲热带地区的袖蝶属（*Heliconius*）蝴蝶的活跃寿命长达90天。它们寿命长一些的秘密可能在于它们的饮食：成虫以花粉为食，花粉是一种丰富的蛋白质来源，它们利用花粉来维持身体和增加产卵数量。

◁▽ 孔雀蛱蝶（*Inachis io*）的成虫通过在秋天和冬天休眠的方式可以生存将近一年，但时间对它们的破坏在接近生命的尾声时变得明显。

▷ 袖蝶属的蝴蝶，例如艺神袖蝶（*Heliconius erato*）由于其富含蛋白质的饮食，成虫的寿命在所有蝴蝶中是最长的。它们用口器从花朵中采集花粉，然后用消化液浸泡这些花粉，将珍贵的蛋白质变成营养丰富的氨基酸液。

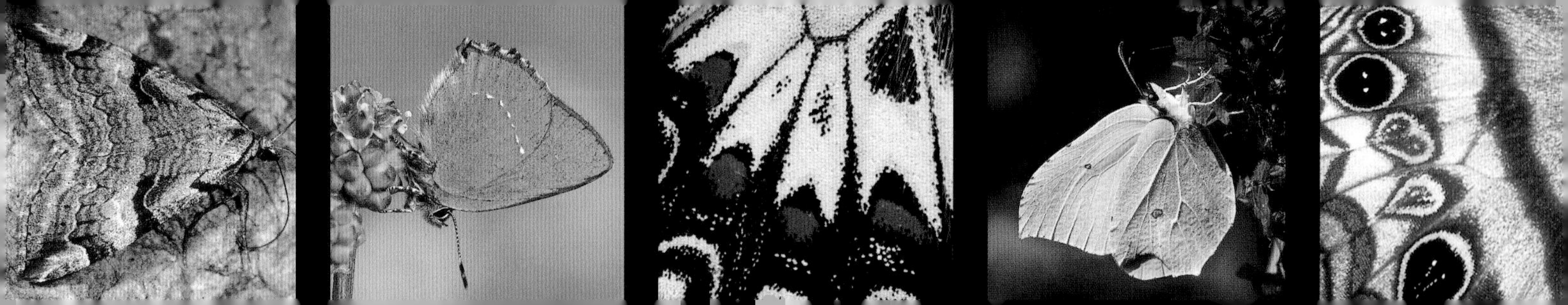

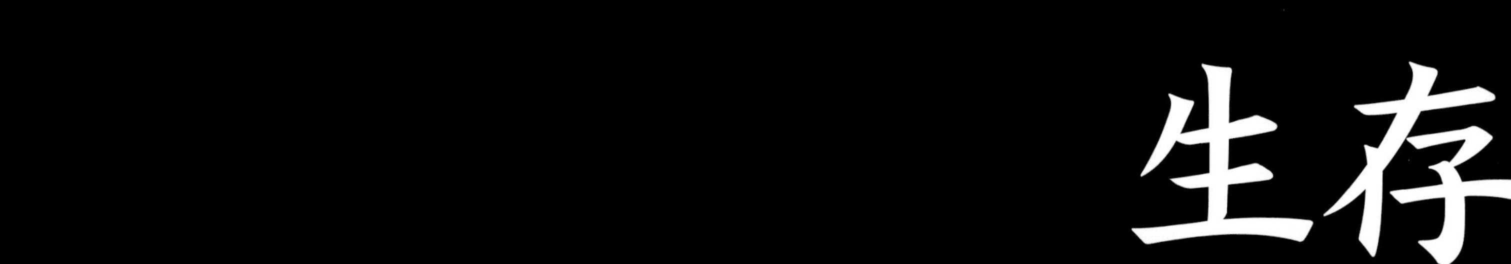

生存

防御策略

蝴蝶和蛾子使用巧妙而又多种多样的自卫手段，从伪装到化学武器。

蝴蝶的生命是一场与巨大逆境的斗争。一只雌蝶可能会产下多达300颗卵，但平均只有两只幼虫能在危险的生命旅程中生存下来，成为新的父母。它们中的大多数成了疾病或寄生虫的牺牲品，但最大的危险可能来自捕食者。对于捕食者来说，毛毛虫是一顿肥美的、毫无防御能力的大餐，它们既不能逃跑也不能反击。毛毛虫最好的生存策略通常是躲在捕食者的视线之外。而成年蝴蝶则面临着不同的困境。它们必须向配偶展示自己的存在，同时也要避开捕食者的注意。因为这个原因，大多数蛾子会一直躲到天黑，并利用气味作为吸引异性的主要手段。然而，蝴蝶在白天很活跃，它们的天敌也更喜欢通过视觉捕猎。有些蝴蝶用双重用途的翅来避免不必要的注意：翅的正面很漂亮，但背面不那么显眼。这种蝴蝶翅的迷人图案并不仅仅是针对配偶，因为配偶的复眼无论如何都无法分辨细节。引人注目的图案和鲜艳的颜色往往是针对捕食者的一种警告——这里有潜在的危险。

△ 这种生活在哥斯达黎加的天蚕蛾（*Eacles ormondei*）那醒目的橙色可能会让捕食者认为这种蛾是不好吃的。

▷ 伪装常常依赖环境，这只巨大的巨女神蛾（*Cocytius antaeus*）栖息的地方就是证明。

隐藏是大多数蝴蝶和蛾子的第一道防线。最小的蛾子和毛毛虫能够挤进缝隙或钻进树叶间，但较大的成虫却被脆弱的翅所阻碍，必须躲在空旷的地方。由于它们的主要捕食者鸟类依靠视觉捕食，所以大多数蝴蝶和蛾子依靠欺骗眼睛的策略进行伪装——它们的翅借用了周围环境的泥土色和斑驳的图案。捕食者的眼睛会注意运动目标，所以伪装的动物必须尽可能长时间地保持静止。它还必须小心地选择自己的背景：许多蛾子在白天一动不动地待在栖木上，这完美地加强了它们的伪装。太阳落山后，蛾子会在夜幕的掩护下飞行，但蝙蝠仍然可以通过回声定位来探测捕捉蛾子。蝴蝶通常在白天活动，所以需要一种通用的伪装来适应各种不同的背景。它们引人注目的颜色似乎是在冒险，但它们的翅背面通常是单调的棕色或灰色，或是带有大胆的、破坏性的图案，用以掩盖身体的轮廓。一旦降落并合上双翅，这些蝴蝶就会融入环境，进而从视野中消失。

△ 与大多数蝴蝶不同的是，蛤蟆蛱蝶的翅的正面是伪装的，它的翅是平展的而不是折叠的。这种菲蛤蟆蛱蝶（*Hamadryas feronia*）来自委内瑞拉。

◁ 桦尺蛾（*Biston betularia*）可以很好地伪装成树皮上的斑点地衣。在19世纪和20世纪初，这种较黑的蛾子在英国的工业地区很常见，那里的工厂排出的煤烟熏黑了树木，杀死了地衣。

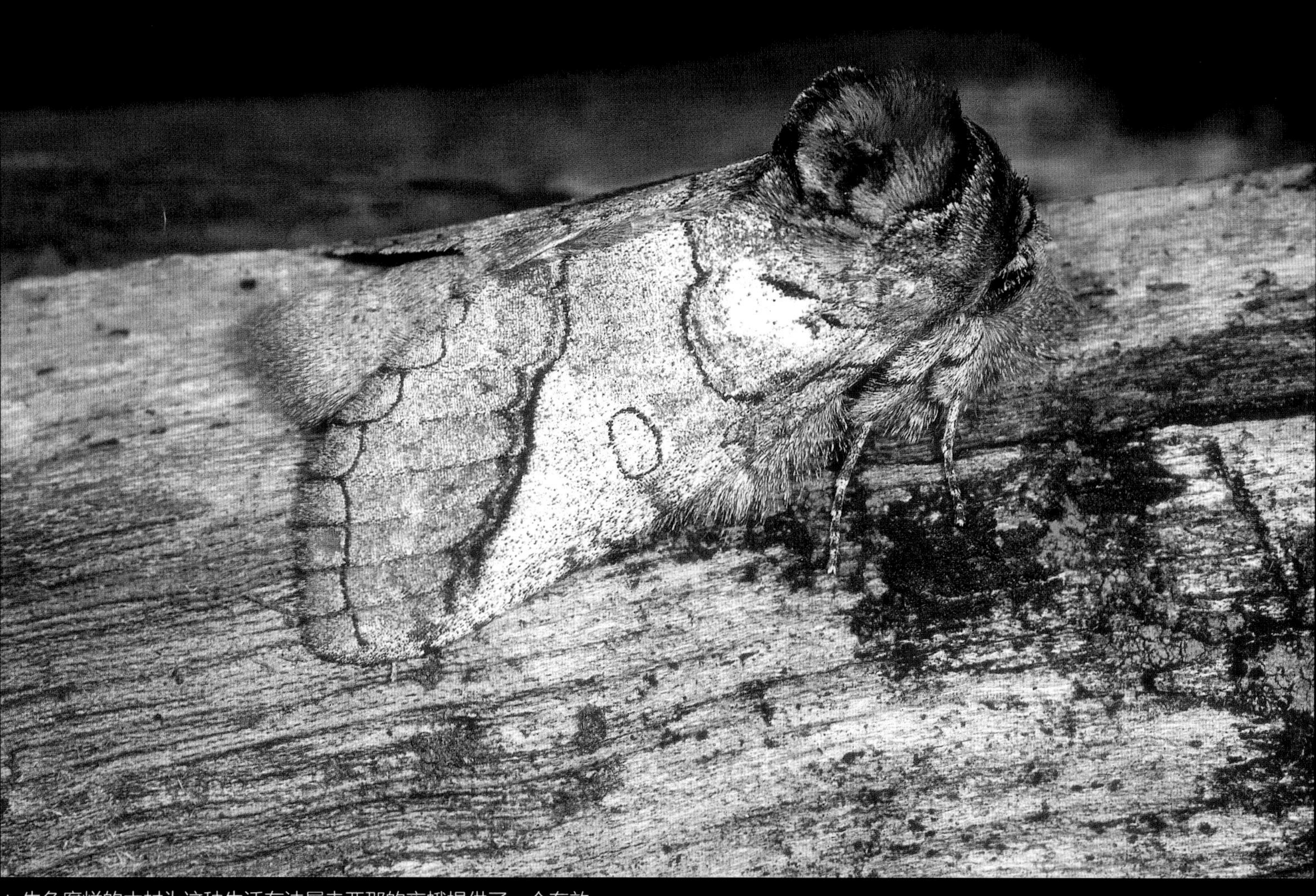

△ 失色腐烂的木材为这种生活在法属圭亚那的夜蛾提供了一个有效

△ 卡灰蝶（ *Callophrys rubi* ）是欧洲仅有的一种绿色蝴蝶。虽然绿色似乎是一种明显的伪装选择，但在成年蝴蝶中这种颜色却很罕见——可能是因为这种色素很难形成。事实上，这种蝴蝶的绿色是结构性的，而不是色素性的。

▷ 在伯利兹雨林中，突出的翅脉、斑点和巧妙磨损的翅膀构成了这种绿色大粉蝶（ *Anteos* ）的伪装。

“美丽的夹竹桃天蛾原本生活在温暖的地中海国家，但它的飞行能力很强，可以向北迁徙到芬兰。我在瑞士的一个昆虫博览会上买了一只蛹，把它养在家里，打算在春天拍下从茧中钻出来的蛾子。令我惊讶的是，它竟然在深秋时就出来了。绿色的伪装在金色的秋叶映衬下显得格格不入，但对比鲜明的颜色构成了一幅美妙的画面。这是蛾子正常的休息姿势。它白天躲在树叶中间，黄昏时变得活跃起来，喝着花蜜，像蜂鸟一样在花丛中盘旋。”

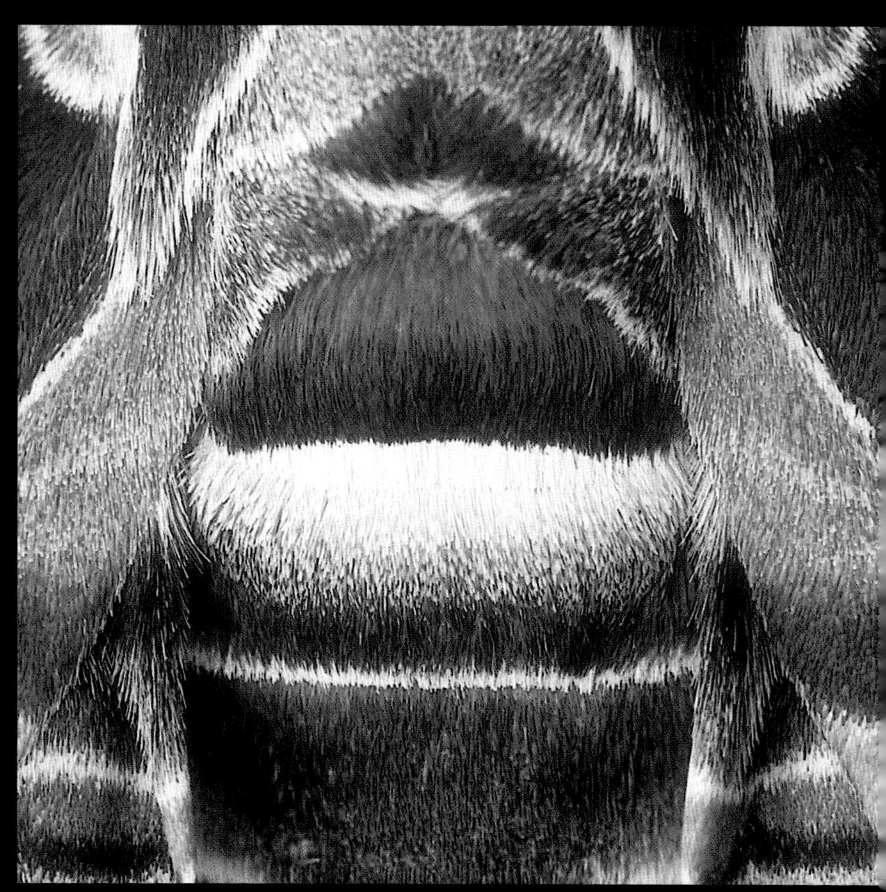

◁△ 像军事伪装一样，夹竹桃天蛾（*Daphnis nerii*）的绿色斑纹与植被的明暗模式相呼应，但与秋天火红的色彩并不匹配。

▷ 当身体的轮廓需要以某种方式隐藏起来时，伪装是最有效的。紫闪蛱蝶（*Apatura iris*）的幼虫有浅色的腹部和一条由刚毛组成的灰白的“裙子”，这些刚毛遮住了可能会暴露其存在的阴影线。

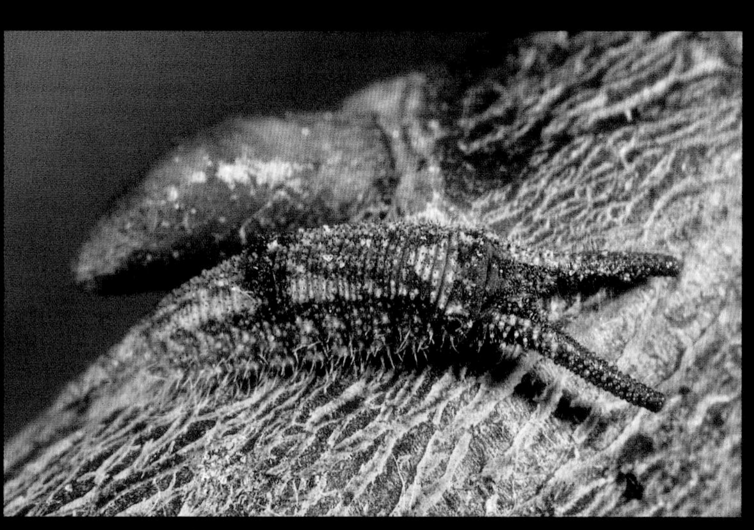

△ 这只已经伪装得很好的毛毛虫，在冬眠状态下紧紧抓住树皮过冬。

△ 这些奇特的角的用途尚不清楚——可能是用来误导捕食者把它们当成蛞蝓的眼睛

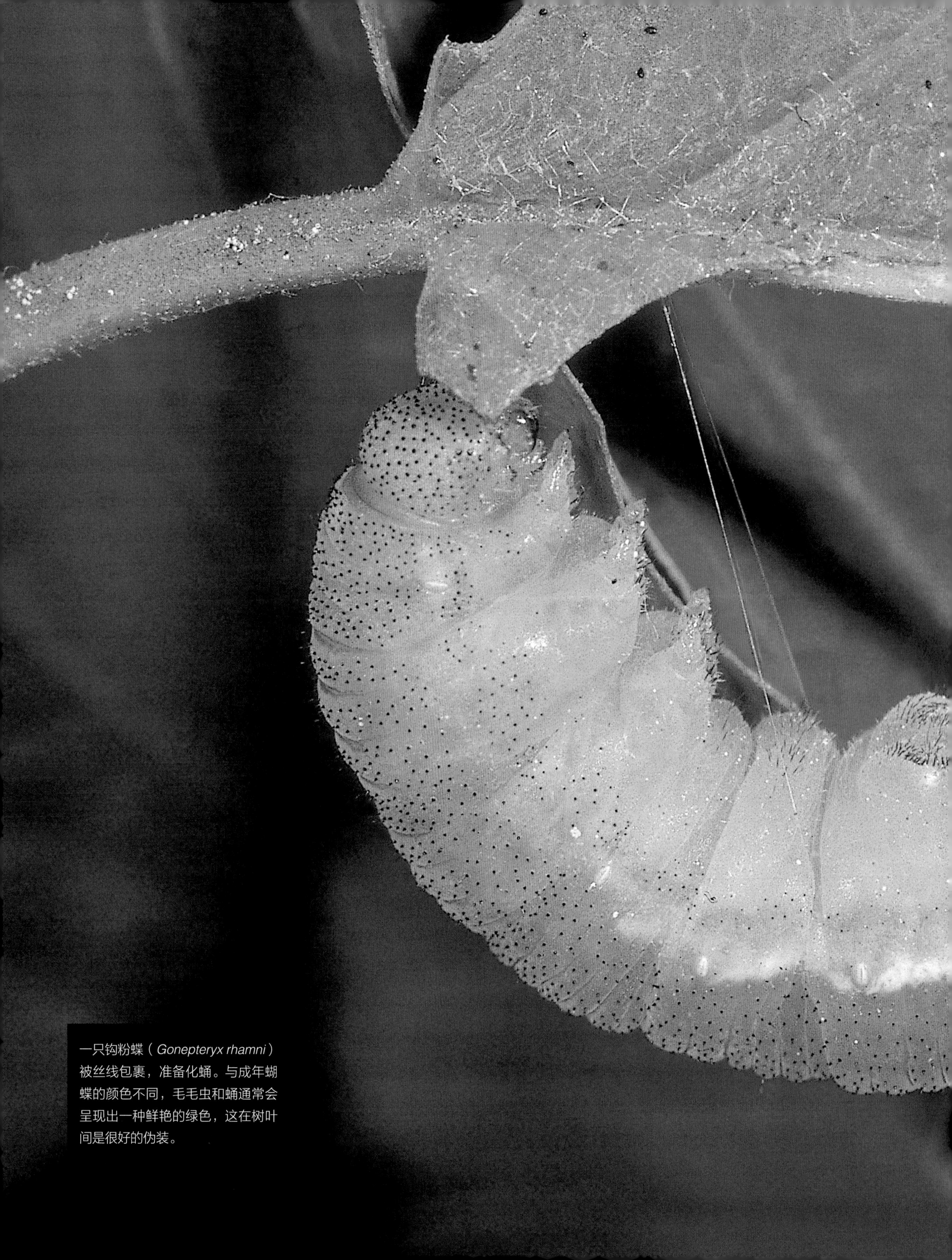

一只钩粉蝶（*Gonepteryx rhamni*）被丝线包裹，准备化蛹。与成年蝴蝶的颜色不同，毛毛虫和蛹通常会呈现出一种鲜艳的绿色，这在树叶间是很好的伪装。

“在新几内亚的热带雨林里，我不断地看到一种小小的蝴蝶，它的翅膀是最深邃的蓝色，在阳光下像宝石一样闪闪发光。受惊的芙链灰蝶以令人发狂的速度飞来飞去；我的眼睛几乎无法跟上它，因为它亮丽的颜色随着每一次翅的拍打而忽明忽暗地闪烁。如果我想接近它拍张照片，它就会飞到树冠上消失。终于，在一个潮湿寒冷的早晨，我发现那只蓝色的蝴蝶静静地停歇着。现在我终于可以欣赏到它翅背面那错综复杂的美丽了：图案像彩虹一样，中间是醒目的红色，向外分别是褐色和绿色，这种混乱的图案可以‘愚弄’捕食者的眼睛，在它们合上翅的时候就不容易被发现了。拍了几张照片后，我的珍宝就飞走了。”

◁新几内亚的芙链灰蝶（*Hypochrysops pythias*）的翅正面是深蓝色的，但背面有能制造迷惑性的图案，有助于隐藏蝴蝶的轮廓。

△ 斑马条纹有助于隐藏这只来自哥伦比亚的蓝色塞弗斯眼蝶（*Cepheuptychia cephus*）的形状。

△ 宽带螯蛱蝶（*Charaxes brutus*）。摄于乌干达。

△ 卵珍蛱蝶（*Clossiana euphrosyne*）。摄于欧洲。

△ 锯凤蝶（*Zerynthia polyxena*）。摄于欧洲。

△ 加勒白眼蝶（*Melanargia galathea*）。摄于欧洲。

△ 锦葵花弄蝶（*Pyrgus malvae*）。摄于欧洲。

△ 蜘蛱蝶（*Araschnia levana*）。摄于欧洲。

粗犷的线条和抽象的几何图案被认为会迷惑捕食者的眼睛，分散它们对蝴蝶真实形状的注意力。这种伪装在森林里效果很好，因为它能与斑驳的光影相“呼应”。

模拟伪装

虽然许多蝴蝶和蛾子与树叶有着暂时的相似之处，但也有一些蝴蝶和蛾子完善了这种欺骗形式，并表现出突出的叶脉、叶柄和模拟霉菌斑点或孔洞的瑕疵。这种高度精致的伪装形式的最大优点是伪装无处不在。拥有其他伪装的动物需要相匹配的背景，但无论鸟类身在何处，枯叶或折断的树枝看起来都没有吸引力。模仿树叶或树枝在蛹中很常见，它们无法逃脱捕食者，因此严重依赖伪装。同样不受鸟类欢迎的还有凤蝶和桤木蛾的幼虫，它们几乎是鸟类粪便的完美复制品。但也许最奇怪的伪装形式是热带雨林中的蝴蝶，如斑蝶亚科的蝴蝶，它们的蛹有一层光滑的镜面，可以反射周围的植被，帮助它们融入森林。蛹悬挂在被雨水浸透的叶子上，就像闪闪发光的水滴。

◁ 伪装的叶脉和斑点使钩粉蝶（*Gonepteryx rhamni*）成为令人信服的树叶模仿者。当它栖息在树叶间时，苍白的翅反射出周围的色彩，使它隐藏起来。

△ 秘鲁的这种柔菲粉蝶（*Phoebis rurina*）伪装成一片腐烂的叶子，上面还有白色的霉菌斑点。

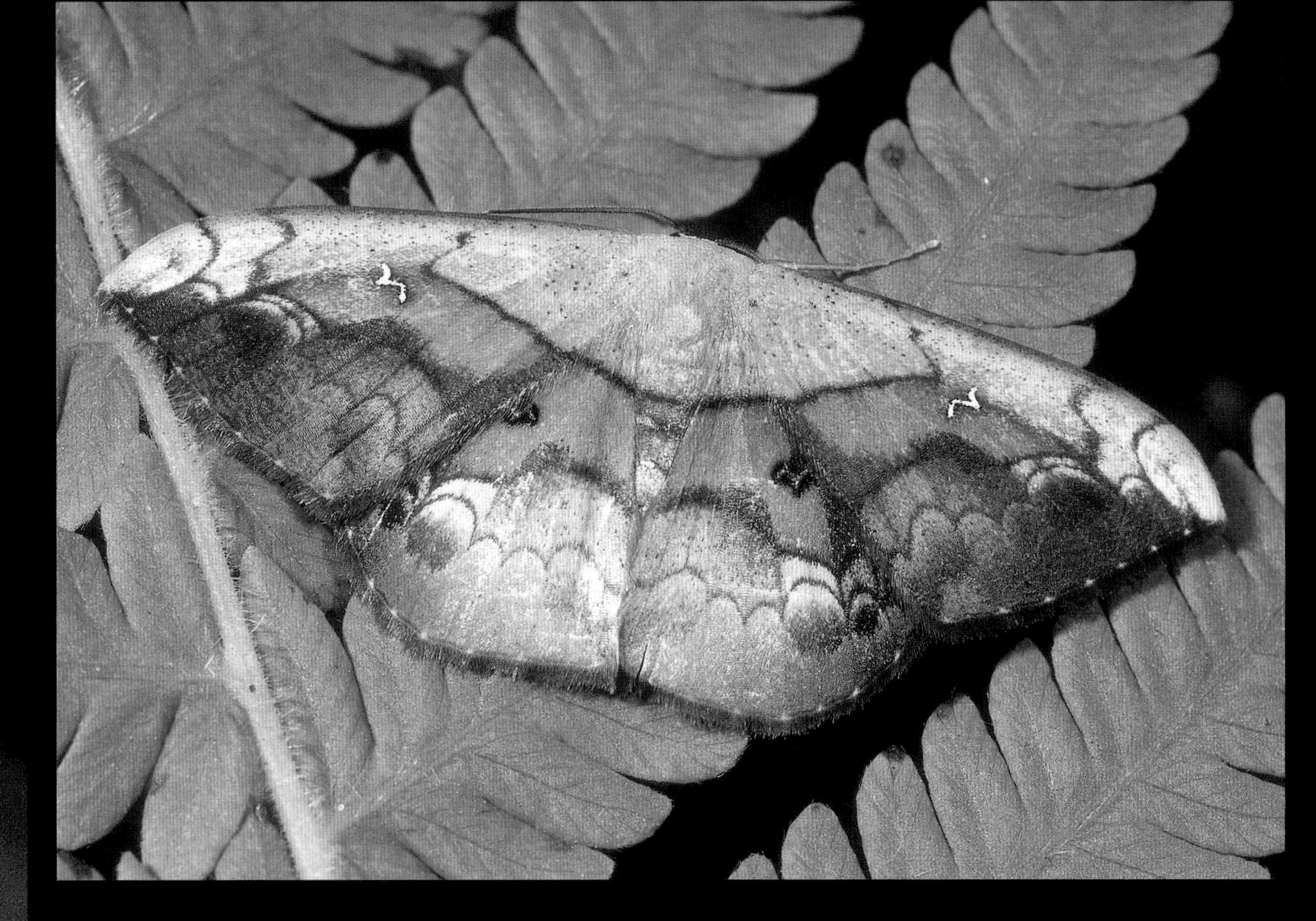

◁△ 这两个不相关的物种，来自法属圭亚那的藤天蛾（*Eumorpha capronnieri*）和来自哥伦比亚的尺蛾（Geometridae），进化出了惊人相似的颜色。这些图案似乎与新鲜的绿叶格格不入，但毫无疑问，捕食者会将它们误认为是从林冠上不断落下的枯叶。

◁ 一只白钩蛱蝶（*Polygonia c-album*）栖息在莎草上。当它扇形的翅合上时，带有白色小钩的翅与腐烂的橡树叶几乎没有区别。

△ 这种蝴蝶的名称来自它翅下方的一个小钩形状的白色标记，类似于枯叶上的一个洞。

△ 白钩蛱蝶翅的正面是鲜艳的橙色和黑色，

“伪装通常非常有效，以至于你找不到它，直到你真的偶然遇见它。在加里曼丹岛，当我试图拍摄一株食肉猪笼草的特写镜头时，我的相机镜头碰到了我认为是一片枯叶的地方。它扭动着身子，显露出自己是一只又大又英俊的天蛾，它的翅微微地卷曲着，好像干枯了一样，深色的线条就像是树叶的主脉。它看起来就像散落在雨林中的枯叶一样。”

△ 磨损的边缘使棘翅夜蛾（*Scoliopteryx libatrix*）看起来像一片被吃掉了一半的叶子。

△ 在加里曼丹岛高地上，一只斑腹斜线天蛾（*Hippotion boerhaviae*）正在一株猪笼草上休息，它逐渐变细的翅与雨林中典型的树叶完美匹配。

▷ 这只来自秘鲁的夜蛾（*Gorgonia superba*）前翅和后翅展开后，图案排成一行，变成了森林地面上的又一片枯叶。

△ 羽蛾（科）（Pterophoridae）不同寻常的翅紧紧地卷起来，看起来就像是树枝或草叶。

△ 圆掌舟蛾（*Phalera bucephala*）与折断的桦树树枝有着不可思议的相似之处。

◁ 这只壮观的绿鸟翼凤蝶（*Ornithoptera priamus*）的足下隐藏着一种不那么显眼的蛾类幼虫，它伪装在树皮上。摄于新几内亚。

眼斑

无论一只蝴蝶伪装得多么好，在某个时刻，它也必须冒着被发现的风险离开藏身之处。蝴蝶是引人注目的昆虫。它们通常体形很大、色彩艳丽、飞行缓慢，吸引着捕食者，尤其是鸟类的目光。鸟的主要武器是它的喙，为了尽可能快速地削弱猎物逃跑的能力，鸟会直接瞄准对方的眼睛，啄向猎物的头部。蝴蝶迷人的眼斑利用了这一策略。这些眼斑远离蝴蝶的头部，使捕食者的攻击远离重要器官，从而可以转移致命打击，让蝴蝶有机会以翅膀上的一个洞为代价而逃跑。这样的战斗伤痕很常见，而且几乎不会影响蝴蝶的飞行技能——有些蝴蝶甚至可以在失去多达 70% 的翅膀的情况下飞行。蝴蝶的眼斑还有另一种作用，它不仅能简单地改变攻击方向，还可以让蝴蝶通过轻拍翅膀，露出大的或颜色艳丽的眼斑来恐吓攻击者。看到一双怒目而视的眼睛可能会让捕食者感到惊讶。如果这个“诡计”能让捕食者犹豫，就可以为蝴蝶提供足够的时间来逃跑。

▷ 为了使它的眼斑更加完美，这只生活在哥斯达黎加的蓝斑绡眼蝶（*Cithaerias menander*）的后翅上有引人注目的红色区域。

△ 阿波罗绢蝶（*Parnassius apollo*）的后翅上有四个令人吃惊的眼斑。即使是被前翅遮住，深红色的眼斑仍然隐约可见。

在新几内亚的热带雨林中，这种常见的开眼环蝶（*Taenaris catops*）的眼斑上不同颜色的同心圆使其看起来更加逼真。

▽▷ 突出的眼斑使皇帝蛾（*Saturnia pavonia*）成为欧洲最漂亮的物种之一。鲜艳的颜色和用来探测雌性气味的羽状的触角——毋庸置疑，这是一只雄蝶。

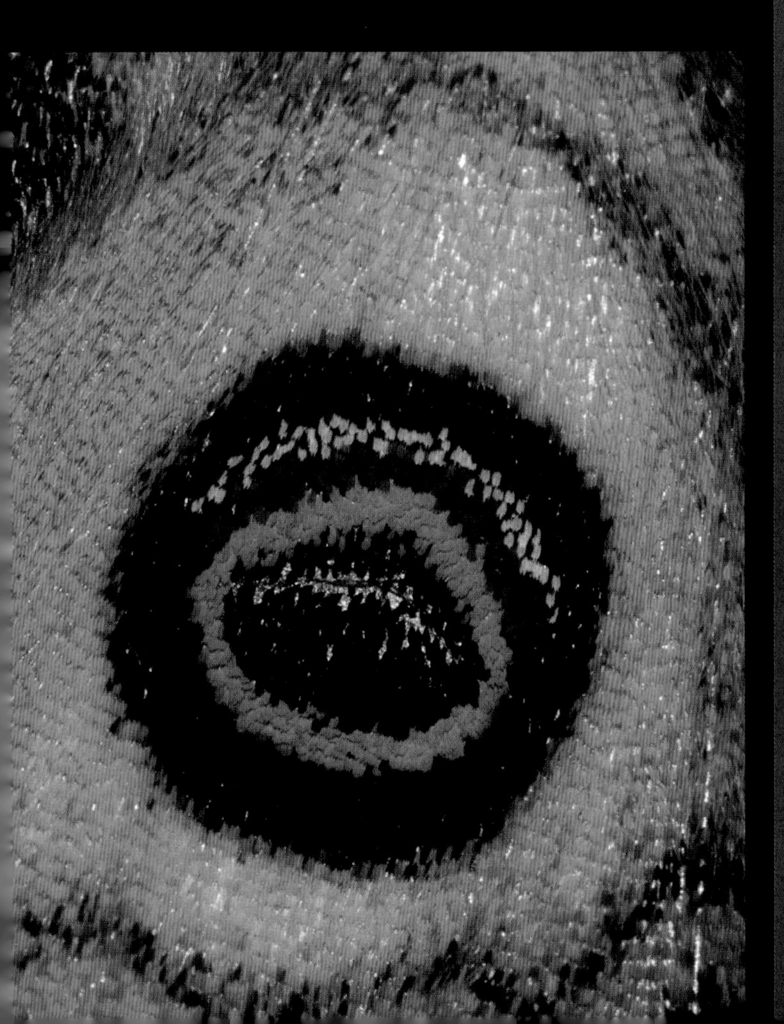

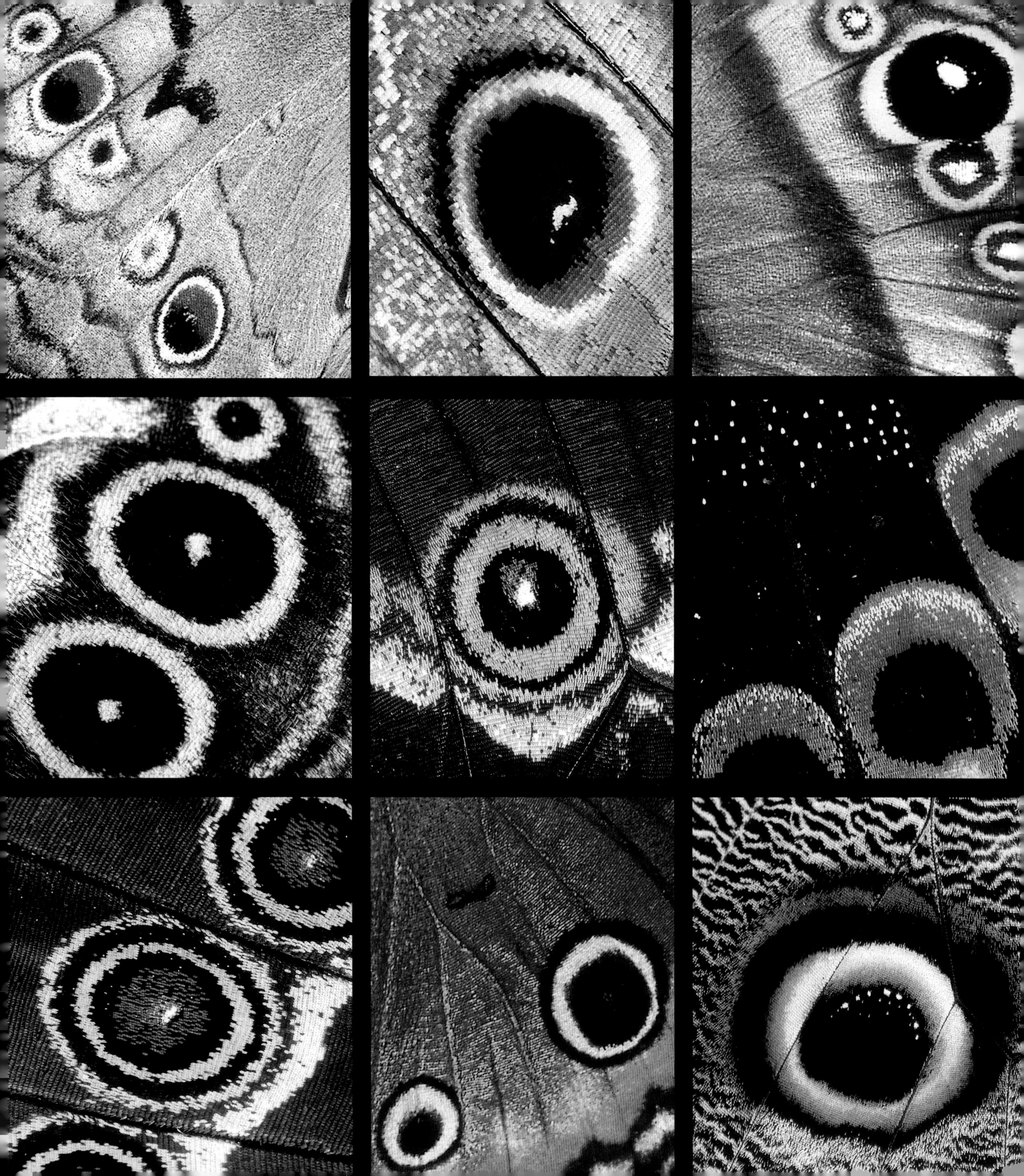

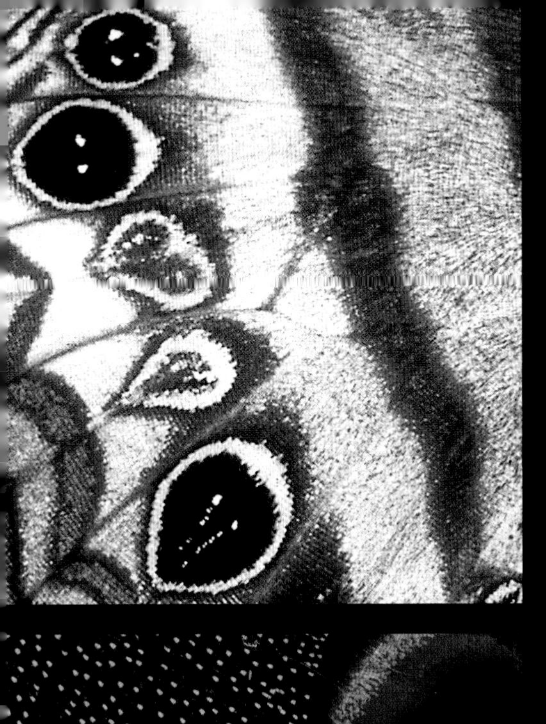

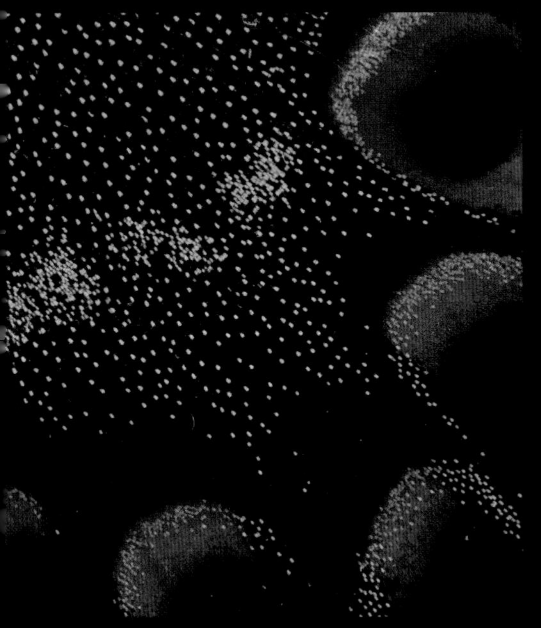

“也许我比大多数自然摄影师更关注细节。其他摄影师努力捕捉罕见的、高度戏剧性的时刻，或者他们的目标是在理想化的自然视野中勾勒出动物和栖息地的完美构图。然而，我的眼睛被微小的细节所吸引——这些复杂的图案和形状只有在近距离观察时才会出现，它们使昆虫的微观世界变得如此的迷人。蝴蝶的眼斑揭示了一个关于自然的深刻真理：它的多样性是无穷无尽的。这里所有的蝴蝶都用基本相同的方法来解决生存问题，但每一种蝴蝶都有自己独特的表达方式。”

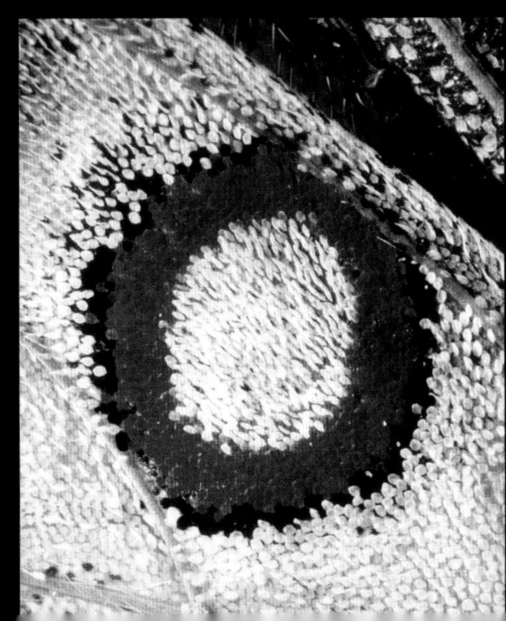

◁ 眼斑在蝴蝶谱系上的分布并不均匀。在某些分支中，它们完全不存在；而在另一些族群中，它们几乎普遍到足以成为一个显著的特征。这只黄环链眼蝶（*Lopinga achine*）翅的边缘有 排小眼斑，这是眼蝶亚科的典型特征。

△ 诱人的蓝色光泽加强了这只哥斯达黎加的阿奈绿眼蝶（*Chloreuptychia arnaca*）眼斑的影响。

△ 像许多眼蝶亚科的成员一样，这种隐藏珍眼蝶（*Coenonympha arcania*）

“昆虫的一种常见防御策略是在远处看着不显眼，而在近距离看时具有威胁性。在秘鲁的热带雨林中，我遇到了一个完美的例子：一只天蚕蛾在晚上被灯光吸引，飞到了我的住处附近。它的前翅合拢在一起，形成很好的伪装——完美地模拟了一片枯叶。但当我的相机靠得太近时，它的翅突然张开，取景器上瞬间出现了两个巨大的愤怒的红色眼斑。当我吃惊地往后一跳，差点被我的相机包绊倒时，它飞走了。这是一种非常好的防御方法，用来对付捕食这些飞蛾的小型蜥蜴和鸟类肯定会非常有效。”

◁ ▽ 这种秘鲁的天蚕蛾（*Gamelia*）表现出的“闪光和惊吓”的眼斑防御策略，可以在许多其他的新天蚕蛾亚科（Hemileucinae）的蛾子中看到。其中大多数是热带物种，尽管北美天蚕蛾（*Automeris*）也使用相同的策略。

蛾使用，如黄灯蛾（*Rhyparia purpurata*），它通常将其艳丽的后翅隐藏在具有伪装功能的前翅之下。鲜艳的颜色也可以唤起捕食者的记忆，让这些动物想起以前吃过这种蛾子，知道它并不好吃。

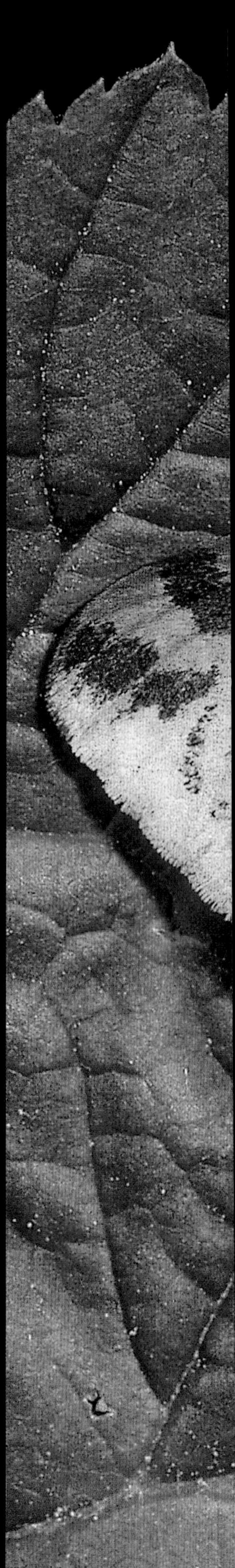

△ 绒灯蛾（*Arctia villica*）。摄于欧洲。

△ 雅灯蛾（*Arctia festiva*）。摄于欧洲。

△ 红裙灯蛾（*Euplagia quadripunctaria*）。摄于欧洲。

△ 豹灯蛾（*Arctia caja*）。摄于欧洲。

尾部的诱饵

一些蝴蝶家族的成员使用精心制作的诱饵，将攻击者从更重要的部位引开。许多凤蝶和灰蝶优雅的尾突并不是装饰品——它们是假的触角，目的是把鸟儿的目光吸引到身体的另一端。为了增强这种错觉，翅上通常有汇聚的线条或明亮的颜色，把捕食者的目光引向尾巴底部一个带有黑色眼斑的假头。许多灰蝶会在休息时狡猾地左右摆动，鬼鬼祟祟的旁观者往往会认为尾突所在的地方是头部。有些灰蝶会更进一步，在休息时摩擦它们的后翅，使它们的尾突像真正的触角一样有规律地摆动。

◁ 这种来自加里曼丹岛的黄褐杜灰蝶（*Drupadia ravindra*）的后翅上有黑色的眼斑和飘动的尾突，给人一种这里才是头的错觉。

△ 珍灰蝶（*Zeltus amasa*）。摄于印度尼西亚。

△ 多黄阔凤蝶（*Eurytides marchandi*）。摄于哥伦比亚。

△ 珍灰蝶（*Zeltus amasa*）。摄于马来西亚。

△ 绿带燕凤蝶（*Lamproptera meges*）。摄于马来西亚。

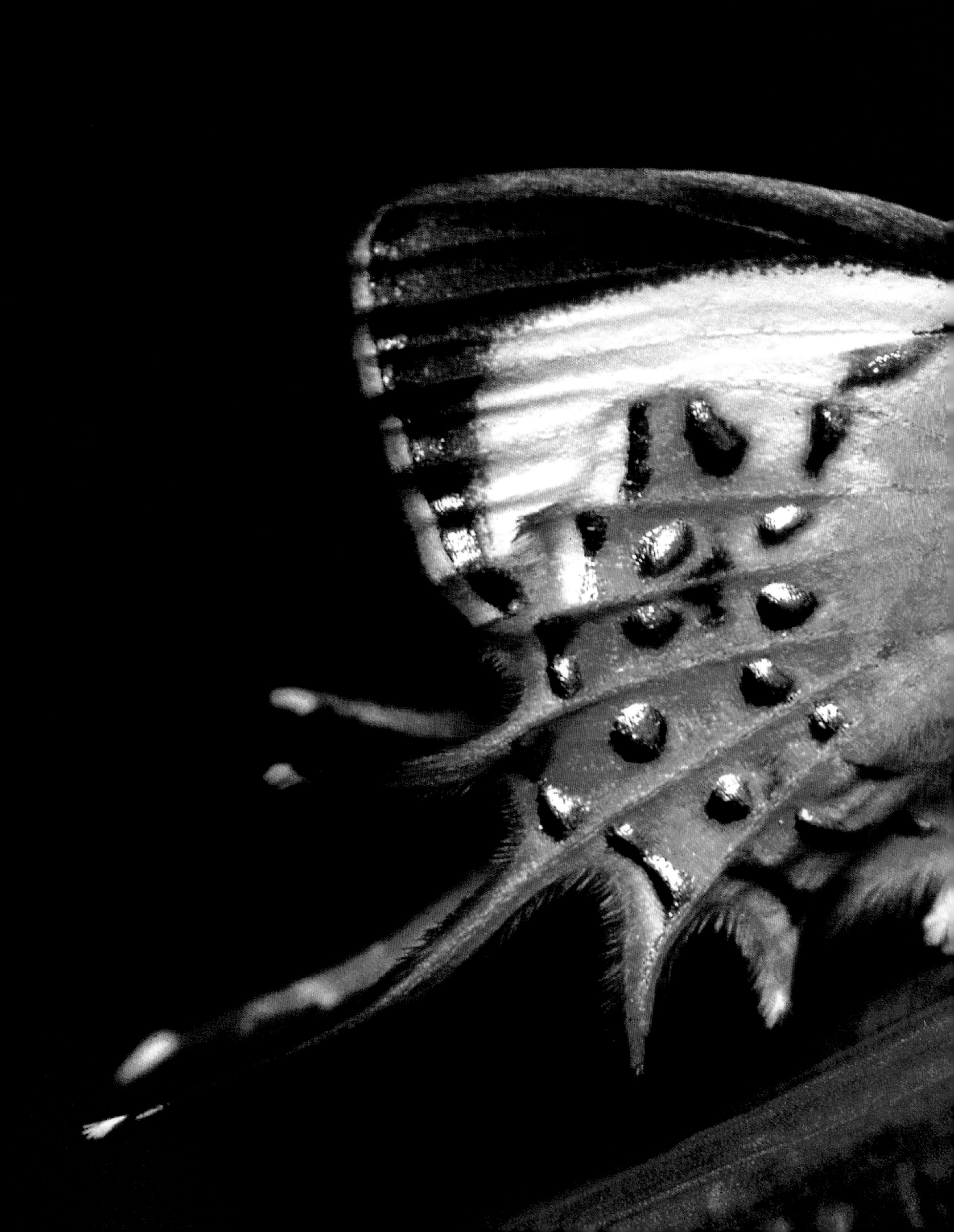

◁ 须缘蚬蝶（*Helicopis cupido*）的翅上似乎镶嵌着抛光的金属珠，就像黄金吊坠一样。这种效果是通过在翅上凸起的斑块上布满彩虹色的鳞片产生的，这使珠子在翅上显得格外突出。这些斑点聚集在翅的后部，在这个位置鸟的攻击造成的伤害是最小的。

线灰蝶亚科（Theclinae）的蝴蝶通常有黑色的眼斑、飘动的尾巴，后翅上有一小片明亮的颜色。所有的这些都增加了“这是头部”的错觉，并诱使鸟喙远离真实的头部。

△ 豌豆俏丽灰蝶（*Calycopis pisis*）。摄于哥斯达黎加。

△ 线灰蝶（*Thecla betulae*）。摄于欧洲。

△ 苹果斯灰蝶 （*Satyrium pruni*）。摄于欧洲。

▷ 离纹洒灰蝶（*Satyrium w-album*）。摄于欧洲。

幼虫的化学防御

南美洲是能够杀死人类的蛾子或蝴蝶的唯一家园。火毛虫（杀手毛虫）（*Lonomia*）是一种天蚕蛾的幼虫，在橡胶种植园和果园中十分常见。它们外表不起眼，身体呈棕绿色，并且像其他天蚕蛾幼虫一样身体生有刚毛。如果接触到了人的皮肤，这些刚毛就会射出一种有效的抗凝剂，可能导致人体内出血、肾衰竭和脑出血。火毛虫并不是鳞翅目中唯一使用化学武器进行防御的昆虫。许多蛾子的幼虫（和一些蝴蝶的幼虫）用有毒或能引起瘙痒的刚毛来抵御捕食者，其造成的伤害从刺激性的瘙痒到难以忍受的疼痛不等。其他物种通过取食有毒植物使自己对捕食者更具杀伤力，而幼虫对这些植物产生了免疫力。在大多数情况下，这些毒素不过是毛毛虫肚子里半消化的植物叶子的汁液，但有些种类也能吸收毒素并储存在它们的组织中，或者实际上是自身制造毒素。化学防御是一种最好的威慑手段——那些直到毛毛虫被吃掉后才产生作用的毒药几乎没有什么好处。因此，具有化学防御能力的昆虫通常会用鲜艳的颜色和令人难忘的图案来宣扬自己的特性。这些视觉警告对于没有经验的捕食者并不总是有效，但那些已经吸取了教训的捕食者很可能会避开。

◁ 当受到威胁时，六星灯蛾（*Zygaena filipendulae*）的幼虫会分泌出一种含有强效有毒化合物的液体。

△ 绿沸铜帘蛱蝶（*Siproeta stelenes*）幼虫的红色枝刺有助于保护它免受捕食者的攻击。

△ 外表可能具有欺骗性：尽管有亮黄色的刺，但红端帘蛱蝶（*Siproeta epaphus*）幼虫并没有很好的化学防御能力。

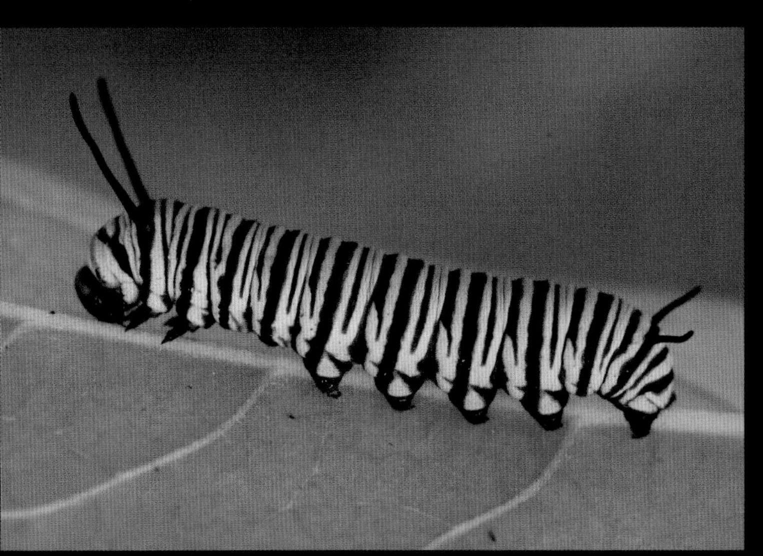

△ 黑脉金斑蝶（*Danaus plexippus*）幼虫可以从马利筋植物中收集一种叫作强心苷的有毒化学物质。

△ 青衫黄袖蝶（*Heliconius cydno*）幼虫就像大多数取食西番莲的蝴蝶幼虫一样，对鸟类和其他捕食者来说是很难吃的。

“通过惨痛的经历，我了解了这种毛虫造成的刺痛。在不小心碰到它的几分钟后，我的手开始发痒。我抓了又抓，但那令人发狂的瘙痒感并没有消失，我的皮肤开始肿胀和阵痛。疼痛持续了几个小时，第二天仍会感到疼痛。我接触的物种相对无害，但一些热带的物种可能会让我住院，甚至更糟。某些生活在中美洲的绒蛾（*Megalopygidae*）幼虫特别有欺骗性。它们看起来像是柔软丝滑的毛球，几乎乞求你去抚摸，但即使是与它的毛刺短暂接触，也会引起极度的疼痛。我听说过这样的故事：当一只毛毛虫从衬衫上掉下来或落在皮肤上后，人们会因为疼痛而呕吐，甚至昏倒。”

◁ △ 这种来自秘鲁的天蚕蛾（*Automeris*）幼虫和致命的火毛虫（杀手毛虫）（*Lonomia*）是亲戚。多刺毛虫被描述为“有刺的”，因为它们枝刺的作用方式与刺荨麻（*Urtica*）的刺非常相似；在某些情况下，它们注射的可以引起皮疹的化合物（甲酸和组胺）是相同的。

触碰到松异舟蛾（*Thaumetopoea pityocampa*）幼虫的刚毛可以产生疼痛的皮疹。当这些毛毛虫老熟后，就会舍弃它们的宿主树，成群结队地离开，寻找松软的土壤来化蛹。

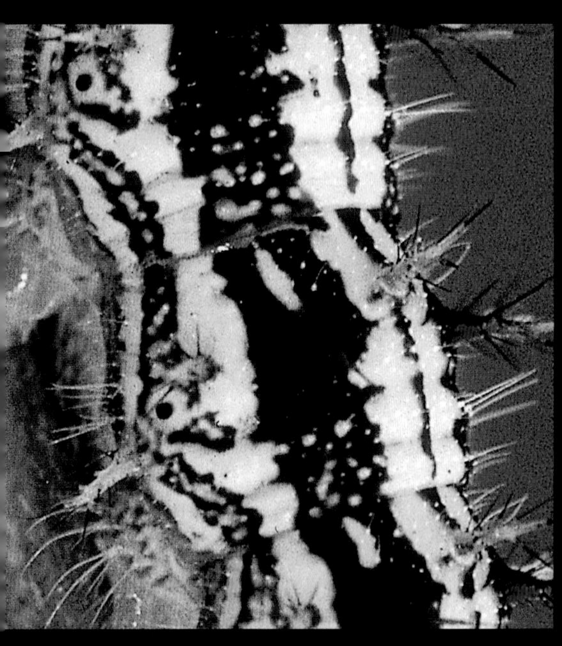

“有毒的毛毛虫在世界各地都有发现，但最壮观的还是在热带地区，这些毛毛虫大多数都是在那里拍摄的。它们长着令人害怕的刺，颜色鲜艳，以显示它们的威力，这无疑是一个危险的信号。刺的作用方式多种多样。有些会在触摸时碎裂，形成刺状碎片，留在皮肤中，还能引起刺激性皮疹；另外一些则像注射器一样刺穿组织，注入令人痛苦的毒液。当这些刺击中它们预定的目标——捕食者口中的软组织时，疼痛肯定会更加剧烈。即便如此，杜鹃等鸟类吞食这些毛毛虫却没有任何的不良反应。”

成虫的化学防御

20世纪60年代末，美国动物学家林肯·布罗尔对黑脉金斑蝶（*Danaus plexippus*）和松鸦进行了一系列经典实验。他在两种非常不同的植物上饲养了一批黑脉金斑蝶幼虫：马利筋和卷心菜。马利筋是黑脉金斑蝶的天然食物，它含有一种强大的神经毒素，而黑脉金斑蝶对这种毒素免疫。两组蝴蝶羽化后，布罗尔把它们喂给圈养的没有取食过黑脉金斑蝶的松鸦。一开始，松鸦津津有味地吃着蝴蝶，但那些吃掉以马利筋植物为食的黑脉金斑蝶的松鸦却病得很厉害，拒绝再碰这些蝴蝶。布罗尔的实验证明，至少在这种蝴蝶中，成虫受到由幼虫获得的植物毒素的保护。成虫身上醒目的颜色是一种警告，提醒那些曾经吃过这些令人作呕的昆虫的鸟类。蝴蝶不需要致命的方式来抵御捕食者。许多蝴蝶通过储存足够的毒素来获得足够的保护，使自己尝起来有异味。有毒化合物并不一定来自毛虫。一些成虫的化学防御物质是以它们在幼虫时的防御化合物为基础合成的。其他蝴蝶在成虫时期也会收集毒素。美洲热带地区的一种娇弱的绡蝶（*Ithomia*）是黑脉金斑蝶的一个近亲，它从植物中收集名为吡咯里西啶的生物碱毒素，并将它们储存起来以保护自己。这种有毒生物碱也被用来产生一种可以吸引雌性的气味，雄性通过精子将这种化合物传递给雌性，从而有助于保护下一代。

▷ 黑脉金斑蝶（*Danaus plexippus*）在墨西哥的越冬地点休息。成虫受到强心苷的保护——强心苷毒素来自马利筋植物，它们的幼虫以马利筋为食。

▽ 绡蝶（*Ithomia*）从植物中收集有毒的生物碱——吡咯里西啶。富含这些化学物质的杂草会导致牲畜肝脏损伤和死亡；小剂量的生物碱也会让人觉得恶心。

鸟翼蝶中生活在新几内亚的长斑裳凤蝶（*Troides oblongomaculatus*）经常被鸟类避开，可能是因为它们的幼虫传来的毒素——尽管这种联系尚未得到证实。它们的幼虫只吃有毒的藤蔓植物。

△ 剑尾凤蛱蝶（*Marpesia petreus*）。摄于哥伦比亚。

△ 橙斑黑蛱蝶（*Catonephele numilia*）。摄于秘鲁。

△ 比布利斯朱履蛱蝶（*Biblis biblis*）。摄于玻利维亚。

△ 六星灯蛾（*Zygaena filipendulae*）。摄于欧洲。

△ 俳群蛱蝶（*Castilia perilla*）。摄于厄瓜多尔。

△ 尺蛾（*Cylclophora*）。摄于秘鲁。

△ 袖蛱蝶（*Eresia eunice*）。摄于法属圭亚那。

△ 珠袖蝶（*Dryas iulia*）。摄于哥伦比亚。

△ 坎蛱蝶（*Chersonesia rahria*）。摄于马来西亚。

△ 红灰蝶（*Lycaena hippothoe*）。摄于欧洲。

△ 后窗网蛾（*Dysodia*）。摄于哥伦比亚。

红色或黄色与黑色的对比条纹通常是危险的标志，警告捕食者它不好吃或者有毒。这里所展示的所有物种中，只有两种（六星灯蛾和珠袖蝶）会很好地利用化学防御保护自己。其他的可能只是味道难闻或者是拟态其他有毒物种的无害物种。

拟态

有些蝴蝶和蛾子并不会收集或合成有毒化合物，而是假装自己有毒。第一个研究蝴蝶这种欺骗形式的人是19世纪的博物学家亨利·沃尔特·贝茨。贝茨擅长蝴蝶分类，他敏锐的眼睛发现了两种外表相似的热带蝴蝶——袖蝶（*Heliconius*）和袖粉蝶（*Dismorphia*），虽然这两种蝴蝶黑色的翅上都有鲜艳的橙色和黄色的条纹——但实际上它们属于不同科的成员。贝茨认为，胆小的袖粉蝶拟态了袖蝶，可能是因为袖蝶味道难闻，可以让它避免被鸟类攻击。事实证明，贝茨是对的，这种现象被称为贝氏拟态。拟态并不局限于热带地区。其中一个最明显的例子发生在北美洲，那里的北美副王蛱蝶（*Limenitis archippus*）放弃了其近亲的典型黑白图案，而选择了几乎与黑脉金斑蝶（*Danaus plexippus*）相同的橙色和黑色条纹。在这种情况下，这两种蝴蝶都会令鸟类厌恶，这种相似性加强了味觉和外表之间的联系，这种现象被称为缪氏拟态。

▽ ▷ 大多数袖蝶属（*Heliconius*）的蝴蝶都有明亮的警戒色，但并不是所有的物种都具有化学防御。诗神袖蝶（*Heliconius melpomene*）能产生氰化物；其他蝴蝶则是利用贝氏拟态或者缪氏拟态。

△ 双红袖蝶（*Podotricha telesiphe*）。摄于厄瓜多尔。

△ 雷母佳袖蝶（*Eueides lampeto*）。摄于秘鲁。

△ 箭斑袖蝶（*Heliconius clysonymus*）。摄于哥伦比亚。

△ 诗神袖蝶（*Heliconius melpomene*）。摄于秘鲁。

◁ 红纹星蚬蝶（*Amarynthis meneria*）是原产于秘鲁热带雨林中的至少2000种蝴蝶物种之一。它的颜色与许多有毒或难吃的蝴蝶一样，呈黑色和红色，但目前还不清楚这种蚬蝶本身是否有毒。

◁ 中亚红天蛾（*Deilephila porcellus*）的幼虫完全长大后，会长有引人注目的蛇形图案和耀眼的眼斑，它可以通过缩回头部使其凸出。

△ 黑带二尾舟蛾（*Cerura vinula*）在受到惊吓时会做出一种非同寻常的表演，它会缩回头部，形成一张巨大的、带有红边的假脸，脸上有令人生畏的黑色眼斑。它挥舞着一对粉红色的尾鞭，作为最后的手段，它还可以喷射出蚁酸。

▷ 在秘鲁雨林的小溪边，一只体形巨大的横原蓝条弄蝶（*Phocides yokhara*）和一只体形较小的透翅蛾（*Andrenimorpha*）正在舔舐潮湿岩石上的盐分。透翅蛾虽然没有刺，但由于与黄蜂相似而得到保护。有些甚至表现得像黄蜂一样，会振翅乱飞。

△ 草纹透翅蛾（*Bembecia scopigera*）。摄于欧洲。

△ 透翅灯蛾（*Corematura chrysogastra*）。摄于秘鲁。

锈胸黑边天蛾（*Hemaris tityus*）虽然看起来像一只大黄蜂，但它没有蜜蜂的刺。这种蛾子像蜜蜂一样，在白天活动。

双带荫蛱蝶（*Epiphele orea*）。摄于秘鲁。

约弄蝶（*Jemadia*）。摄于玻利维亚。

蝴蝶和蛾子的分科

目前鳞翅目已记录物种超过16.5万种，其中绝大多数是蛾子。根据不同物种之间的亲缘关系程度，它们又可以分为100多个不同的科。这里有太多的科，因而无法一一列出，但包括较大的蛾子和蝴蝶（共同构成大鳞翅亚目）在内的大多数科，以及它们的常用名、地理分布和种类数都列在下面。蝴蝶只占已知鳞翅目物种的10%左右，通常分为5个主要的科——如果包括弄蝶科，则为6个科。虽然蝴蝶是大鳞翅亚目的一部分，但在第276—278页中，蝴蝶也有更详细的介绍，一直到亚科等级。

大鳞翅亚目（Macrolepidoptera）

“大鳞翅亚目”这个术语的简单意思是“较大的蛾子和蝴蝶”。从字面上理解，这是一种有点人为的分组。然而，正如这本书所列举的，该类群仅限于那些通过翅基部的特殊特征联系起来的家族，并且确实形成了一个主要的自然类群。虽然这并不包括某些大型蛾类——蝙蝠蛾科、斑蛾科和木蠹蛾科，但这里列出的大鳞翅亚目昆虫包括大多数最著名的大型蛾类以及蝴蝶和弄蝶。

总科名：栎蛾总科（Mimallonoidea）
中型至大型蛾子，与蚕蛾总科亲缘较近，常有非常短的口器。在末龄期（两次蜕皮之间称为龄期，末龄期就是变态前的最后一个幼虫阶段），幼虫用丝将树叶和粪便（“草屑”）粘在一起，形成便携式、开放式的外壳，最终在里面化蛹。

科名：栎蛾科（Mimallonoidae）
常用名：袋蛾
分布：美洲
种类：约200种

总科名：枯叶蛾总科（Lasiocampoidea）
中型至大型蛾子，健壮多毛，翅有隐秘的图案，与蚕蛾总科亲缘较近。雄性触角的每一节都有两个裂片（羽状），一直到顶端。幼虫体表通常生有浓密的毛。

科名：澳蛾科（Anthelidae）
常用名：澳大利亚枯叶蛾
分布：澳大利亚、新几内亚
种类：约70种

科名：枯叶蛾科（Lasiocampidae）
常用名：枯叶蛾
分布：几乎遍布全球
种类：约1500种

总科名：蚕蛾总科（Bombycoidea）
主要是体形粗壮的大型蛾子，包括许多令人惊叹的物种。由末龄期幼虫前足的特殊排列形式和成虫前翅翅脉形式进行分类。

科名：带蛾科（Eupterotidae）
常用名：猴蛾
分布：几乎遍布全球
种类：约300种

科名：蚕蛾科（Bombycidae）
常用名：蚕蛾
分布：除北美洲、欧洲以外的世界各地
种类：约350种

科名：桦蛾科（Endromidae）
常用名：肯特郡荣耀蛾
分布：旧大陆的温带地区，包括中国西藏地区
种类：2种

科名：忍冬蛾科（Mirinidae）
常用名：忍冬蛾
分布：东部温带地区
种类：2种

科名：天蚕蛾科（Saturniidae）
常用名：巨型蚕蛾、皇蛾、皇帝蛾
分布：几乎遍布全球
种类：约1480种

科名：卡西蛾科（Carthaeidae）
常用名：蓟序木蛾
分布：澳大利亚
种类：1种

科名：蚬蛾科（Lemoniidae）
常用名：秋蚕
分布：旧大陆温带地区、东非
种类：约20种

科名：天蛾科（Sphingidae）
常用名：天蛾、鹰蛾
分布：遍布全球
种类：约1250种

科名：箩纹蛾科（Brahmaeidae）
常用名：箩纹蛾、水蜡蛾
分布：非洲、旧大陆温带地区、东洋区
种类：约20种

总科名:尺蛾总科（Geometroidea）
这些蛾子大多身体细长，翅膀宽大。燕蛾科Uraniidae和伪燕蛾科Sematuridae包括一些色彩鲜艳的物种，经常被误认为是蝴蝶。它们幼虫的腹足退化，行走时身体拱起呈环状。

科名：伪燕蛾科（Sematuridae）
常用名：美国燕尾蛾
分布：拉丁美洲、亚利桑那州、南非
种类：约40种

科名：燕蛾科（Uraniidae）
常用名：天王星蛾、日落蛾
分布：主要分布在热带地区
种类：约700种

科名：尺蛾科（Geometridae）
常用名：尺蛾、尺蠖、步曲虫、弓腰虫
分布：遍布全球
种类：约21000种

总科名:钩蛾总科（Drepanoidea）
该总科和尺蛾总科亲缘较近，这两个科因其幼虫下颚的独特形式归为一个总科。其中凤蛾科是色彩鲜艳的、白天活动的蛾子，而钩翅蛾科大多为体形中等大小、色彩相对单调的、夜间活动的蛾子。

科名：凤蛾科（Epicopeiidae）
常用名：东方燕尾蛾
分布：中国东部地区
种类：约25种

科名：钩翅蛾科（Drepanidae）
常用名：钩翅蛾
分布：遍布全球
种类：约650种

总科名：锚纹蛾总科（Calliduloidea）
小型到中型蛾子，由许多解剖学特征（特别是成虫前足和雌性生殖器的特征）相似的种组成。锚纹蛾总科的幼虫以蕨类植物为食，它们酷似蝴蝶的成虫在白天活动。

科名：锚纹蛾科（Callidulidae）
常用名：旧大陆蝶蛾
分布：分布在马达加斯加和东洋区
种类：约60种

总科名:广蝶总科（Hedyloidea）
这些中等大小的蛾子长期以来一直被归为尺蛾总科，但似乎是蝴蝶的近亲。卵和蛹与粉蝶科的卵和蛹非常相似，而成虫像蛱蝶科一样只能用四条腿站立。

科名：广蝶科（Hedylidae）
常用名：新大陆蝶蛾
分布：分布在拉丁美洲区域
种类：约40种

总科名：弄蝶总科（Hesperioidea）
弄蝶为小型到中型蛾子，大部分是白天活动。它们的触角在末端弯曲或呈尖钩状。幼虫通常在头部后有颈部状的变窄。它的俗称（跳跃者）是指它们快速、不稳定的飞行。

科名：弄蝶科（Hesperiidae）
常用名：弄蝶
分布：世界各地除新西兰外均有分布
种类：约3500种

总科名：欧蛾总科（Axioidea）
中等大小的蛾子，腹部中等粗壮，翅膀上有广泛的“金属”黄色区域或银色斑纹。该类群的特点是独特的气门（呼吸孔）。它们与其他鳞翅目类群确切的亲缘关系尚不清楚。

科名：欧蛾科（Axioidae）
常用名：金蛾
分布：分布在地中海地区
种类：6种

总科名：夜蛾总科（Noctuoidea）
属于这一庞大类群的蛾子都有一种特殊类型的胸廓听觉器官。虽然在基本结构上是一致的，但在颜色和生物学上却有显著的差异，这个总科包括具有最小和最大翼展的大鳞翅目物种。

科名：澳舟蛾科（Oenosandridae）
常用名：澳舟蛾
分布：目前只在澳大利亚发现
种类：约40种

科名：墨西哥舟蛾科（Doidae）
常用名：墨西哥舟蛾
分布：美洲
种类：7种

科名：舟蛾科（Notodontidae）
常用名：舟蛾
分布：世界各地除新西兰外均有分布
种类：2800种以上

科名：夜蛾科（Noctuidae）
常用名：夜蛾、猫头鹰蛾、蛾
分布：世界各地均有分布
种类：35000种以上

科名：隆蛾科（Pantheidae）
常用名：隆蛾
分布：分布在北温带地区、拉丁美洲和东洋区
种类：约100种

科名：毒蛾科（Lymantriidae）
常用名：毒蛾
分布：主要分布在旧大陆的热带地区，一些种类分布在美洲
种类：超过2500种

科名：瘤蛾科（Nolidae)
常用名：丛蛾
分布：世界各地均有分布，主要分布在旧大陆的热带地区
种类：约1400种

科名：灯蛾科（Arctiidae）
常用名：步蛾、虎蛾、蜂蛾
分布：世界各地均有分布
种类：约11000种

总科名：凤蝶总科（Papilionoidea）
真正的蝴蝶，包括许多从小到大的日间活动的种类，都有细长的、尖端圆形或棒状的触角。前翅有两个或更多的纵脉——由主细胞形成。幼虫通常是暴露的取食者(不隐藏在叶卷或丝网中取食)。

科名：凤蝶科（Papilionidae）
常用名：凤蝶、燕尾蝶
分布：世界各地均有分布
种类：约600种

科名：粉蝶科（Pieridae）
常用名：白蝴蝶、黄蝴蝶
分布：世界各地均有分布
种类：约1000种

科名：灰蝶科（Lycaenidae）
常用名：蓝蝴蝶、红蝴蝶、细纹蝶
分布：世界各地均有分布
种类：约6000种

科名：蚬蝶科（Riodinidae）
常用名：蚬蝶
分布：世界各地均有分布，主要分布在拉丁美洲
种类：约1250种

科名：蛱蝶科（Nymphalidae）
常用名：刷足蝴蝶、四足蝶
分布：世界各地均有分布
种类：约6500种

弄蝶总科（Hesperioidea）和凤蝶总科（Papilionoidea）

弄蝶总科（弄蝶）和凤蝶总科（真正的蝴蝶）通常被归为锤角亚目（有棒状触角）。几乎所有的蝴蝶都在白天活动（尽管有些只在黄昏活动），许多种类颜色鲜艳，使它们成为极具吸引力的昆虫群之一。与其他鳞翅目昆虫不同的是，雄性蝴蝶通常是通过视觉找到雌性而不是依靠嗅觉。

科名：弄蝶科（Hesperiidae）
前足非常发达，有一个很大的距，即前胫突。虽然有很多证据表明，弄蝶与真正的蝴蝶亲缘关系非常密切，但它们本身就是一个独特的群体。

亚科名：竖翅弄蝶亚科（Coeliadinae）
常用名：锥弄蝶
分布：仅分布在非洲、印度、澳大利亚
种类：约75种

亚科名：红臀弄蝶亚科（Pyrrhopyginae）
常用名：拟态弄蝶
分布：中南美洲
种类：约150种

亚科名：花弄蝶亚科（Pyrginae）
常用名：平原树弄蝶

分布：主要分布在南美洲
种类：约1000种

亚科名：链弄蝶亚科（Heteropterinae）
常用名：方格弄蝶
分布：分布于新大陆和北温带
种类：约150种

亚科名：梯弄蝶亚科（Trapezitinae）
常用名：赭弄蝶
分布：仅分布在澳大利亚和新几内亚
种类：约60种

亚科名：弄蝶亚科（Hesperiinae）
常用名：雨燕弄蝶
分布：世界各地均有分布
种类：约3000种

科名：凤蝶科（Papilionidae）
唯一真正的蝴蝶有一个完全发育的前胫突(距)。大多数种类都体形很大，很吸引人，许多都有引人注目的尾突。幼虫有一个独特的叉状器官，即臭丫腺，当它们感到威胁时，臭丫腺就会向外伸出。

亚科名：宝凤蝶亚科（Baroniinae）
常用名：宝凤蝶
分布：墨西哥
种类：1种

亚科名：绢蝶亚科（Parnassiinae）
常用名：阿波罗绢蝶
分布：北温带地区、喜马拉雅山脉
种类：约70种

亚科名：凤蝶亚科（Papilioninae）
常用名：燕尾蝶、鸟翼蝶
分布：世界各地除新西兰外均有分布
种类：约500种

科名：粉蝶科（Pieridae）
体形通常为中型或小型，大多数种类的翅呈圆形，主要为白色、黄色或橙色，根据翅基部特征和足的特征划分在一起。幼虫通常为圆柱形，大部分为绿色，没有突起，有稀疏的短毛。雄性粉蝶通常热衷于扑泥坑。

亚科名：袖粉蝶亚科（Dismorphiinae）
常用名：木白蝶
分布：南美洲、北温带
种类：约100种

亚科名：蓝粉蝶亚科（Pseudopontiinae）
常用名：脆弱白蝶
分布：非洲热带雨林
种类：1种

亚科名：黄粉蝶亚科（Coliadinae）
常用名：黄蝴蝶
分布：世界各地除新西兰外均有分布
种类：约250种

亚科名：粉蝶亚科（Pierinae）
常用名：白蝴蝶、橙尖蝴蝶
分布：世界各地均有分布
种类：约700种

科名：灰蝶科（Lycaenidae）
微小型至中型蝴蝶，在翅正面通常具有蓝色或绿色金属光泽。雄性前足没有前胫突，但能够用于行走。许多种类的幼虫与蚂蚁共同生活，有些种类以藻类和地衣为食。

亚科名：云灰蝶亚科（Miletinae）
常用名：蛾蝶、棕斑蝶
分布：主要分布在非洲、印度、澳大利亚
种类：约150种

亚科名：圆灰蝶亚科（Poritiinae）
常用名：岩石蝶、宝石蝶
分布：非洲、亚洲热带地区
种类：约550种

亚科名：银灰蝶亚科（Curetinae）
常用名：日光蝶
分布：亚洲热带地区
种类：约20种

亚科名：线灰蝶亚科（Theclinae）
常用名：灰蝶
分布：世界各地均有分布
种类：约3000种

亚科名：眼灰蝶亚科（Polyommatinae）
常用名：蓝灰蝶
分布：世界各地均有分布
种类：约2000种

亚科名：灰蝶亚科（Lycaeninae）
常用名：红灰蝶
分布：主要分布在北温带、非洲、新几内亚和新西兰
种类：约100种

科名：蚬蝶科（Riodinidae）
小型蝴蝶，通常颜色鲜艳。雄虫前足退化，不能用于行走。它与灰蝶科亲缘关系最近，并与灰蝶科一样，许多种类与蚂蚁有关，尽管目前认为这些特化行为是独立进化的。

亚科名：优蚬蝶亚科（Euselasiinae）
常用名：暗斑蝶
分布：主要分布在南美洲
种类：约100种

亚科名：古蚬蝶亚科（Nemeobiinae）
常用名：潘趣和朱迪
分布：只分布在旧大陆
种类：约100种

亚科名：蚬蝶亚科（Riodininae）
常用名：金属斑纹蝶
分布：主要分布在南美洲
种类：约100种

科名：蛱蝶科（Nymphalidae）
大多数为中型至大型蝴蝶，雌雄蝴蝶的前足都非常退化，几乎不用于行走。触角非常独特，有三条平行的脊线沿着整个下缘延伸。

亚科名：喙蝶亚科（Libytheinae）
常用名：长须蝶、鸟喙蝶
分布：几乎世界各地均有分布
种类：约12种

亚科名：斑蝶亚科（Danainae）
常用名：马利筋蝶、透翅蝶
分布：世界各地均有分布，主要分布在热带地区
种类：约500种

亚科名：绢蛱蝶亚科（Calinaginae）
常用名：怪蝶
分布：仅分布在喜马拉雅山脉、中国、越南
种类：10种

亚科名：眼蝶亚科（Satyrinae）
常用名：褐蝶
分布：世界各地均有分布
种类：约3000种

亚科名：闪蝶亚科（Morphinae）
常用名：大闪蝶、猫头鹰蝶
分布：仅分布在拉丁美洲、印度、澳大利亚
种类：约400种

亚科名：螯蛱蝶亚科（Charaxinae）
常用名：首领蝶、巴夏蝶
分布：主要分布在热带地区
种类：约500种

亚科名：丝蛱蝶亚科（Cyrestinae）
常用名：图翅蝶
分布：主要分布在热带地区
种类：约50种

亚科名：苾蛱蝶亚科（Biblidinae）
常用名：怪客、88蝶
分布：主要分布在热带地区
种类：约550种

亚科名：闪蛱蝶亚科（Apaturinae）
常用名：君主蝶
分布：世界各地均有分布，在非洲分布较少
种类：约400种

亚科名：蛱蝶亚科（Nymphalinae）
常用名：海军上将蛱蝶、玳瑁蛱蝶
分布：世界各地均有分布
种类：约400种

亚科名：线蛱蝶亚科（Limenitidinae）
常用名：白蛱蝶、船员蛱蝶
分布：几乎在世界各地均有分布
种类：约600种

亚科名：釉蛱蝶亚科（Heliconiinae）
常用名：豹蛱蝶、西番莲蝶
分布：世界各地均有分布
种类：约600种

致谢

DK要感谢许多专家，他们非常友好地做出或确认了相关的鉴定。除了顾问迪克·范·赖特和约翰·坦恩之外，还包括：约翰·切尼、胡安·格拉多斯·阿劳科、杰森·霍尔、杰里米·霍洛韦、马丁·霍恩、丹·詹赞、伊恩·基钦、杰拉尔多·拉马斯、托本·拉森、奥拉夫·米尔克、安德鲁·尼尔德、吉姆·帕特曼、鲍勃·罗宾斯、彼得·拉塞尔、迈克尔·沙弗和基思·威尔莫特。

DK非常感谢MDP的团队：皮特·德雷珀、马克·迪默、戴夫·贝内特和詹尼·迪默。

托马斯·马伦特感谢以下人士的帮助、支持和鼓励：我的父母；杰尔曼·科雷多；DK伦敦的创意团队，尤其是维多利亚·克拉克、本·摩根、德国DK的莫妮卡·施利策。